鑑賞系列

7

◉沈泓 著

翡翠

鑑賞與收藏

品冠文化出版社

國家圖書館出版品預行編目資料

翡翠鑑賞與收藏／沈 泓 著
－初版－臺北市，品冠文化，2013〔民103.07〕
面；26 公分－（鑑賞系列；7）
ISBN 978-957-468-959-0（平裝）
1.玉器　　2.寶石鑑定　　3.蒐藏品
357.89　　　　　　　　　　　　102008901

翡翠鑑賞與收藏

著　　　者／沈　　泓
責任編輯／王　　霄
發 行 人／蔡 孟 甫
出 版 者／品冠文化出版社
社　　　址／台北市北投區（石牌）致遠一路 2 段 12 巷 1 號
電　　　話／(02) 28236031・28236033・28233123
傳　　　真／(02) 28272069
郵政劃撥／19346241
網　　　址／www.dah-jaan.com.tw
E-mail／service@dah-jaan.com.tw
登 記 證／北市建一字第 227242
承 印 者／凌祥彩色印刷有限公司
裝　　　訂／承安裝訂有限公司
排 版 者／弘益電腦排版有限公司
授 權 者／安徽科學技術出版社
初版1刷／2013 年（民 102 年）7 月
初版2刷／2014 年（民 103 年）8 月　　　　　　　　定　價／550 元

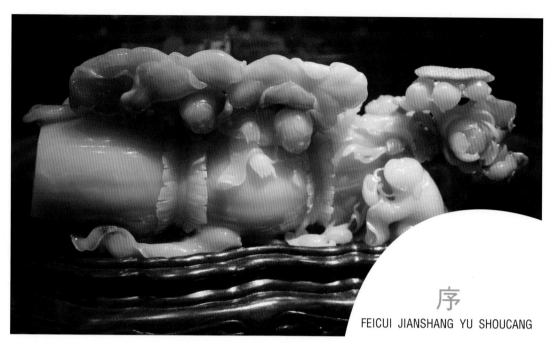

　　翡翠，自古以來就有著「東方綠寶石」的美譽，被人們奉為最珍貴的寶石。

　　翡翠顏色迷人，通常在淺色的底子上出現綠色或紅色的色團，猶如古代赤色羽毛的翡鳥和綠色羽毛的翠鳥，因而得名。

　　翡翠行情雖然有波動性，但總的來看是上漲趨勢。20世紀70年代初至80年代末，其價格上漲了10倍以上。一時間所有的翡翠商都忙於找貨，供不應求的局面使玉雕藝人們日夜趕工。

　　而自20世紀90年代以來，翡翠成品價格回檔，有些品種價格比最高峰時甚至跌去一半左右。

　　進入21世紀後，翡翠原料價格大幅上漲，原因是高檔原料日見稀缺，礦主奇貨可居，不急於賣貨。很多行家感歎「麵粉比麵包貴」。因此，可以說現在正是投資翡翠的好時候。

　　從翡翠自身特點來看，它與字畫和古跡相比，更易保存；與古傢俱相比，更易濃縮和轉移資產。而且，翡翠的儲量非常有限，特別是上檔次的翡翠就更加稀少了。高檔翡翠的價格基本上不受市場行情波動的影響，與其他收藏品相比，更加穩定且升值明顯。

　　從一個多世紀翡翠價格不斷上漲的趨勢看，翡翠升值是有期望和保證的。如今，越來越多的收藏者認識到翡翠的收藏價值和投資價值，翡翠的市場價已經有了數百倍的升幅。在如此高位的行情中，翡翠到底還有沒有收藏投資潛力呢？如何收藏翡翠？如何鑑賞翡翠？如何投資翡翠？但願這本書能給您一把入門的鑰匙。

翡翠
鑑賞與收藏

4

目 錄

第一章
翡翠收藏湧熱潮

或看翡翠蘭苕上，未制鯨魚碧海中。
　　　　　　——唐·杜甫《戲爲六絕句》

翡翠是一種珍貴的寶石，有「玉石之王」的美譽。人們把翡翠和祖母綠寶石一起列為5月份的誕生石，是運氣和幸福的象徵。在東方，特別是在日本、東南亞各國和中國港澳地區深受人們的喜愛。近幾年來，我國掀起了一股寶石熱，翡翠則成為寶石中的佼佼者。

翡翠產自緬甸，但主要市場卻在中國。從數量上看，90%的翡翠原料被中國大陸買家買走，80%的原材料在中國大陸加工銷售，中國正逐漸成為全球主要的高檔翡翠消費市場。因收藏投資熱潮在中國的興起，翡翠收藏市場也熱潮湧動。

翡翠加工基地遍地開花

翡翠是高檔玉石，國際市場上，翡翠價格不斷增長。高檔翡翠的保值性、增值性是明顯的，具有很好的投資和收藏價值。

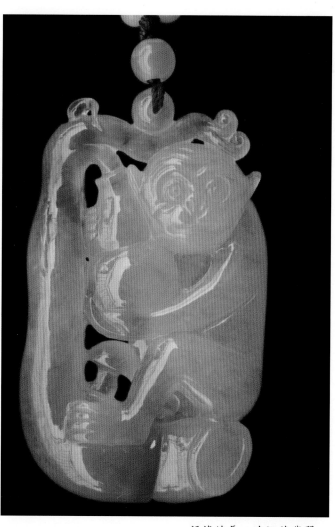

福祿綿長。沈泓藏翡翠。

隨著經濟的發展和生活水準的提高，人們對翡翠等珠寶首飾的消費正成為繼房屋、汽車之後的又一個消費熱點。近20年的時間，我國的珠寶首飾業得到前所未有的發展，從產值1個億發展到近1000億元，從業人員從2萬人發展到200萬人。2003年、2004年金銀珠寶首飾零售額分別增長11.7%和27.5%。

雲南仍然是中國最大的翡翠原石和製成品的集散地。目前，國內翡翠市場已形成了產、供、銷三級比較完善的市場，先後出現了一批成熟的、有特色的翡翠加工基地與交易市場，其中具代表性的有雲南的瑞麗、騰衝、大理，廣東的廣州、揭陽、四會、平州等。廣州番禺已成為全球最大的翡翠加工基地，另外蘇州、揚州、上海、北京等傳統的玉器加工基地也正在復興。翡翠加工基地呈現遍地開花的盛況。

這些翡翠加工基地成為翡翠收藏者最心儀的地方。如廣東揭陽市東山區陽美村，有上百年加工玉器的歷史，幾乎家家戶戶因玉而富。在首屆中華陽美（國際）玉器節上，來自全國各地和緬甸、泰國、印尼、美國、中國香港、中國澳門、臺灣等國家和地區的珠寶玉器界同行400多人參加了開幕式。

「陽美玉都」一至五樓的300多個展銷位全被玉器商占滿，來自世界各地的玉器、玉飾琳琅滿目，其中在二樓陽美村人的玉器檔裡，一只翡翠玉鐲標價280萬元，引得許多人嘖嘖讚歎。

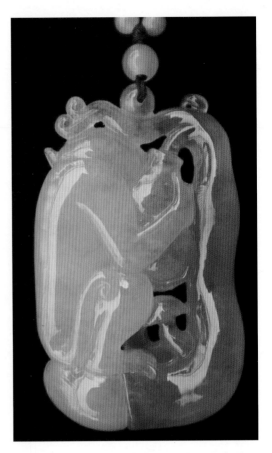

福祿綿長背面。沈泓藏翡翠。

僅玉器節開幕的當天，北京、上海、遼寧、浙江等玉器商人與來自美國、緬甸、香港、臺灣等國家和地區的玉器商就簽下了8個貿易項目，總額達20.3億元人民幣。可見翡翠市場的活躍。

中國的翡翠市場上基本形成了一個以品牌翡翠為主，以大中型綜合商場、專賣店為主要銷售管道的市場雛形。

山居。

國人對翡翠的收藏並非缺乏意識，而是缺乏瞭解。任何收藏都離不開經濟價值，如果說「賭石」是翡翠商人的「純投資」（甚至是「投機」）之舉，那麼對翡翠飾品的收藏層面來說，則具有「收藏」與「投資」的雙重內涵。

作為收藏者，需要瞭解翡翠的基本常識；而作為投資者，還必須關注翡翠市場的狀況及其前景。

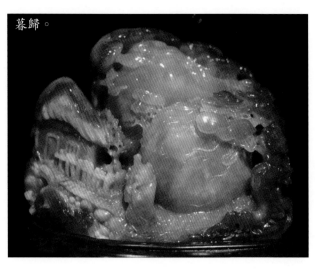
暮歸。

由萬瑞祥一位工作人員提供的資料顯示，近年來高檔翡翠的增值速度高過鑽石，且這一趨勢將在今後一段時期內持續。另有專業人士預測，隨著國人意識上的「覺醒」和經濟實力的迅速提高，國內的翡翠收藏熱將會持續5～10年。

翡翠市場的瘋狂方式：賭石

翡翠收藏市場湧動的熱潮中，賭石這一祈求暴富的瘋狂投資，是最悲壯的景觀。

其實，賭石的瘋狂投資並非當今才有的現象，它源於中國傳統文化心理。早在2000年前，中國就出現了一塊最著名的賭石——「和氏璧」。

相傳在當時的楚國，有一個叫卞和的人，他發現了一塊玉璞（包有外皮的玉，現代也叫籽料、毛料、賭石），先後拿出來獻給楚國的二位國君，可是國君以為他是騙子，先後砍去了他的左右腿。

卞和無腿走不了，抱著玉璞在楚山上哭了三天三夜。後來楚文王知道了，派人取了玉璞，並請玉工剖開了它，結果得到了一塊寶石級的玉石。這塊寶石被命名為「和氏之璧」。

後來這塊寶玉被趙惠王所擁有，秦昭王答應用十五座城池來換這塊寶石，可見其價值之高。這塊寶石後來被雕成了一個傳國玉璽。圍繞這個傳國玉璽演繹了不少故事。這塊和氏璧一直到西晉才失傳。

卞和如果能活到今天，一定是一位傑出的賭石大師。要知道，由玉的外皮而能看出玉石裡面的優劣，是需要很深的玉石學問的。

賭石故事演繹到清代至民國時期，翡翠行業有個行話叫「賭行」。所謂「賭行」，指的是珠寶玩家到珠寶行尋覓翡翠的一雙慧眼。

所謂賭石，就是用璞玉來賭博。或者直白地說，談玉石毛料生意就是「賭石」。買來賭石把口一開（也有開口料的），如果裡面的玉質極佳，屬老坑玻璃種類的，這可就發了。

買這塊料也許只花25萬～50萬台幣。一開口這塊玉的價值陡然升起，上百上千萬一路飆升。但也許你花50萬元或幾十萬元買來的一塊賭料，口一開，裡料的玉質極差，甚至根本是一塊假貨，這下

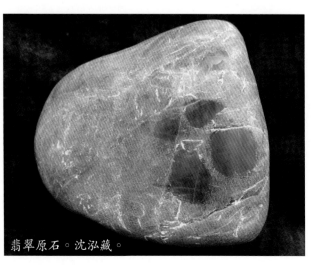
翡翠原石。沈泓藏。

有時透過賭石，即使剖開後沒有多少翠色，但巧妙利用其少量的翠色，也可以製作成擺件。

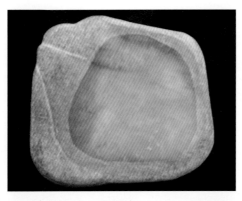

翡翠原石。沈泓藏。

翡翠原石。沈泓藏。

你就栽了。一般的花牌料，一公斤才幾百十來元。賭石的風險就在於此。

賭石有兩種方式：一種是玉石沒有任何切口（行語叫「開窗」）的礫石，只見外皮，絲毫看不到內部；另一種是在籽料上切開一個「視窗」，視窗有大有小，讓賭客透過「視窗」觀察，並推測籽料內部的品質。

翡翠貿易的成功包括了運氣。就像賭博、彩券一樣，屬於對未來投資。翡翠貿易，尤其是原石貿易，就像把你的希望捆紮在輪盤賭的邊緣，等待造物主來按動輪盤的按鈕。

賭石在騰衝歷史悠久。「賭石」全憑經驗、眼力、膽識和運氣，正所謂「謀事在人，成事在天」。交易時，賣方亮出毛石，買方便開始研究顏色、紋理、硬度等，然後開始砍價，周圍通常圍上一大幫看客，就像馬路上紮堆看熱鬧一樣，其中也不乏主人雇來的「托兒」。

生意談成，立即付款交貨。有時，買主為了驗證一下自己的眼光是否正確，可以當場把玉石剖開，這筆買賣是盈是虧便見分曉。

一塊黃褐色的礫石，標價成千上萬，一刀切開，或許是價值連城的上等料，或許是一錢不值的鵝卵石，分秒之間，輸贏自現。

賭石成為一種玉石交易方式是近十幾年在中緬邊界興起並繁榮的。很多從事珠寶貿易的人最初就是從做賭石開始積累經驗的。

賭石的傳奇故事

按常規講，一個賭石商人，首先應該具備豐富的玉石知識，並從事成品玉或玉石加工多年，充分熟悉了玉石交易的遊戲規則，然後再去從事賭石生意。然而，誘人的財富機遇，冒險的慾望和衝動，刺激著眾多的玩石高手趨之若鶩，在寶石界掀起一股賭石狂潮。

翡翠賭石的故事幾乎每天都在業內上演。有位香港翡翠商人，花50萬港元買了一塊賭石，切開後滿綠，行話叫「大漲」，賣了近1億港元，可謂一夜暴富。

廣東幾位翡翠商人合資1000多萬人民幣買賭石，解開後不見綠色，行話叫「解垮」，價格猛跌到30萬元，無疑血本無歸。

上述兩則真實的故事出自北京萬瑞祥名士珠寶有限公司的一份宣傳材料。作為國內首家專營收藏級翡翠的品牌公司，2002年，萬瑞祥攜手緬甸最大的翡翠礦主之一金固珠寶有限公司及香港著名翡翠公司翠之寶有限公司、北京華辰拍賣有限公司，舉辦了「北京翡翠市場2002年推廣活動」。

該活動最引人注目的是「開玉」演示。一枚重3公斤、市場估價3萬人民幣的翡翠「賭石」，經中國著名翡翠專家王瑞民作現場講料後，被當場「開玉」。當切開的剖面露出一道綠色時，王瑞民稱此料價值將陡增至3萬美元。翡翠賭石的魅力就在於，賭的過程一旦結束，即刻可知其身價是「價值連城」還是「大跌眼鏡」。

緬甸的優錫威先生就像帕敢的很多勞工一樣，有著很好的運氣。他以前是一名計程車司機，在一次偶然的機會中開始了他的輪盤賭。

某一天，本地的翡翠貿易商乘坐他的計程車，以一件翡翠付了計程車費，並試圖銷售幾件翡翠給他。他拿起每一件翡翠，慎重地研究了它們，用3000緬甸元購買了其中最重的那塊。

他把翡翠以65萬緬元賣給另一個貿易商，而那個貿易商則以300萬緬元賣出了這件翡翠。

優錫威認為這是一件非常有意思的事。他說：「今天，我擁有幾個翡翠礦山，是在翡翠峽谷最大的貿易商之中的一個。當輪盤賭的小球休息的時候，它已經停在了優錫威選定的數字。」

中國民間的玉石交易有時真可用「驚心動魄」來形容。一塊石頭可以使人暴富，也可使人傾家蕩產，成敗均在珠寶商人的一念之間。

雲南邊境的民間玉石市場充滿著無法理喻的離奇怪異現象和一般人難以承受的的心理壓力。瑞麗縣年輕的珠寶商人黃鴻生在接受作者採訪時說：

「玩玉石的人可分為三種：騙子、瘋子與君子。幹上這一行當與炒股票差不多，賭輸想翻本，賭贏還想賭。」

他說自己有兩筆生意終身難忘。一次他在緬甸以幾千人民幣購得一塊拳頭大小的帕敢玉，帶到省城後被一香港老闆相中，經過一個晚上的反覆鑑定，港商拍板4萬元成交。隨即找人剖玉，剖開一看卻是塊「磚頭料」（玉石中最次的等級）。港商苦笑一聲：「黃先生，你贏了。但咱們後會有期。」

黃鴻生說：「這是君子之交。我的運氣好，

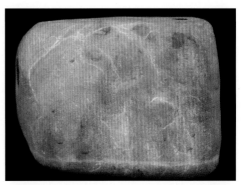

翡翠原石。沈泓藏。

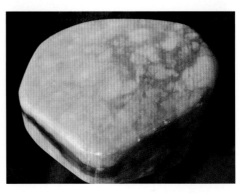

翡翠原石。沈泓藏。

他的眼力差。他不能不付錢，我不能不收款，這是行規。」

半年後，這位港商再次來到黃鴻生處，正好他手上缺貨，港商於是在牆角的「磚頭料」裡翻尋。經過一天的鑑別，選出碗口大的一塊，這位港商開價數萬。

黃老闆拿過一看說：「算了，就給3000人民幣吧，上次虧了你，這會也該便宜了。」不過心裡卻在好笑：這塊沒人要的「煤渣」，倒還能賣出3000人民幣！

港商最後卻又追加了2000成交，把黃老闆樂壞了。可是當場剖玉後，黃老闆笑不出來了，這是塊上等好玉，少說價值30萬！港商笑對黃鴻生說：「這回我贏了！」

還有一個賭石故事。

吳老闆在盈江辦了家玉石加工廠。這年秋天，從緬甸轉來一塊80公斤重的翡翠原石，來人開價80萬人民幣，少一分不賣。這塊玉料，可能產生祖母綠之類的絕色，也可能因夾雜黑絲藍斑而價格大跌，所以儘管許多玉石商人聞訊趕來，卻無人敢貿然接貨。也許是天意，吳老闆一見此石便心旌搖曳，他以廠房設備作押，貸款買下了這塊石頭。

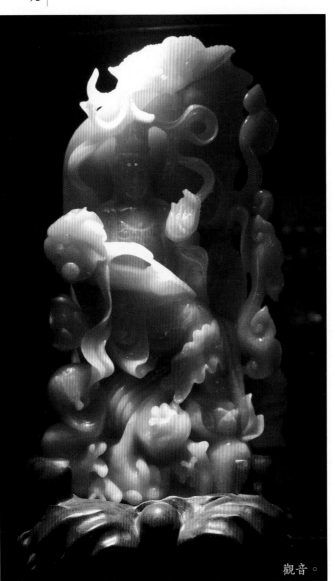

觀音。

貨到手後，吳老闆開始有些吃不準了。他請來行家與朋友對玉料進行縝密的鑑定，大夥兒忙了一上午後，均一言不發地走了，那情景就像追悼會結束後各自懷著沉重的心情散去一般。吳老闆頓時渾身冰涼。

在剖玉那天，吳老闆懷著「拼死一搏」的心態揮手讓工匠動手，電鋸從玉料表皮切下，滿眼碧綠！

這塊石頭終於初露美玉的真相，這時一位反應敏捷的廣東商人當即願出價150萬買下此玉，可是他的話音未落，一位港商就把數字追加到了200萬。這時吳老闆已是頭暈目眩，不知如何應對。

他的朋友還冷靜些，建議再剖一刀試試。被剖成兩截的玉料還是滿眼碧綠！此玉的價格一下子被推升至天文數字──8000萬！

而此時的吳老闆再也承受不住，一下子栽倒在地。有時，過分幸運對人也是一種折磨。

賭博有贏家自然就有輸家，原珠寶商仇老闆就是一個倒楣的人。

有一次，他聽說瑞麗有人有一塊緬甸蒙麻玉，很多聲望極高的珠寶商開價45萬，貨主仍不肯出售。仇老闆經多方打聽，得知那些願出價45萬的人都是當今珠寶界的行

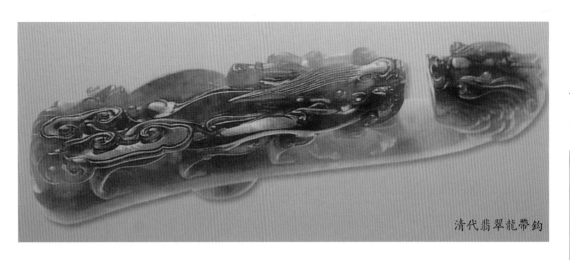

清代翡翠龍帶鉤

家裡手，於是追加5萬買下了此玉。待剖玉那天，人們紛紛前來欲開眼界，然而剖開一看，只有少量綠絲，是一塊價值5000元都不到的「臭玉」。

仇老闆為買此玉賣掉了自己的房子，還背了好幾萬的債，他中了貨主擺下的「道」，最終承受不了打擊而發瘋了。

玉石是具有靈氣的東西，它象徵著巨額的財富，可是人們往往缺乏辨別真偽的慧眼，以至於演化出一幕幕的悲喜劇。

中國翡翠收藏市場之熱，從賭石市場上可見一斑。

翡翠狂漲100年

早期翡翠並不名貴，身價也不高，不為人所重視。

清朝紀曉嵐在《閱微草堂筆記》中寫道：「蓋物之輕重，各以其時之尚無定灘也，記余幼時，人參、珊瑚、青金石，價皆不貴，今則日昂……雲南翡翠玉，當時不以玉視之，不過如藍田乾黃，強名以玉耳，今則為珍玩，價遠出真玉上矣。」

由此可知，18世紀初，翡翠不被認為是玉，價格低廉；而至18世紀末，翡翠已是昂貴的珍玩了。

翡翠曾在中國的清末民初風行一時，如清朝內務府大臣榮祿的一只翠玉翎管，價值黃金13000兩（1兩＝50克）。

20世紀30年代中期，北京翡翠大王鐵玉亭有一副手鐲，以40000銀元賣給了上海的杜月笙。

由於緬甸翡翠硬度高，光潔明亮；且好的翡翠顏色既鮮亮又平和，有很高的保值和收藏價值，故而稱為「玉中之王」，被很多愛玉、佩玉的人所喜愛。日本、紐西蘭還把翡翠作為本國的「國石」。

從以上簡要市場回顧可知，翡翠在中國流行的時間不長，但發展勢頭很猛，價格上漲很快，而且時間距我們越

清代翡翠鼻煙壺。

近，價格漲幅越大，翻番時間越短。難怪有人說，投資翡翠好過投資房地產。

翡翠拍賣起熱浪

翡翠的市場熱，集中體現在拍賣熱上。不僅大型拍賣公司拍出天價，就是一些珠寶公司，也經常舉辦拍賣會，估價幾百元的普通翡翠，也可以拍賣到數千元，成交價通常超過底價的5～10倍。

高檔翡翠在拍賣市場上更是屢屢創出成交天價，因為高檔翡翠為稀世之寶，是目前珠寶市場上人們爭相追逐的寵物。不少人購買翡翠飾品首要的目的並不僅僅是為了佩戴，而是為了進行一項長期性的投資。在近年的香港翡翠珠寶拍賣場上，來自港、澳、臺等地，東南亞以至歐美的華人富商、闊太一擲千金，激烈競逐翡翠精品，氣勢頗為壯觀。

在1997年10月佳士得秋季翡翠首飾拍賣中，出現過一條由27顆碧綠圓潤的翡翠珠子串成的項鍊，被一位東南亞買家以3302萬港元買下，超出估價一倍多，創下了當時亞洲拍賣的最高紀錄。

這條翡翠項鍊的珠子直徑為15.3～19.2毫米，如同一串濃翠鮮豔的綠葡萄，顆顆晶瑩通透，完美無瑕，令人一見傾心，愛不釋手。

有關這串翡翠珠鍊的來歷，說法不一。較可信的說法是：珠鍊原為一串朝珠，來自皇宮，不知經過怎樣的輾轉曲折，到了一位北京商人的手中。他將這串朝珠分成四份，或出售或轉讓，散落於民間。

20世紀30年代時，世界著名女富豪赫頓到中國的上海遊覽，見到這串翡翠珠鍊，十分喜愛，便以5萬美元的高價買下。後來，她將珠鍊拿到著名珠寶設計師卡地亞那裡，為珠鍊鑲嵌了一個紅寶石鍊扣，使之更加華貴動人。

1988年，這條珠鍊在日內瓦拍賣會上露面，一位遠東私人收藏家以220萬美元將珠鍊

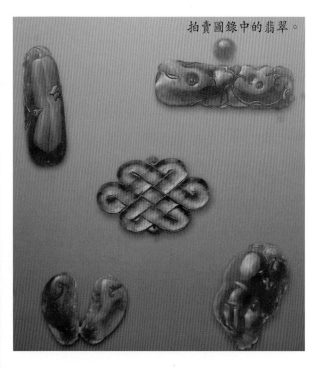

拍賣圖錄中的翡翠。

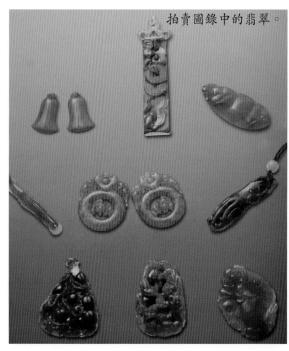

拍賣圖錄中的翡翠。

買去。1994年，珠鏈再次在香港拍賣會上出現，引來多位買家爭相競投，當時以破紀錄的價格成交。

而5年時間，這串珠鏈升值近一倍，每顆珠子的價值高達100多萬港元。

在1997年佳士得秋季翡翠首飾拍賣中，還出現了另外一串舉世矚目的翡翠珠鏈。它由27顆純翠綠珠子組成，每

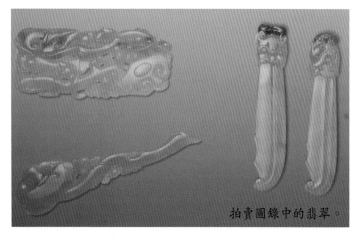

拍賣圖錄中的翡翠。

顆珠子直徑15.2～15.9毫米，珠鏈上配了一顆重10克拉的鑽石鏈扣，其亮麗和華美堪稱世間獨一無二，估價在4000萬港元以上。

1997年11月6日，瑰麗翡翠首飾拍賣在萬豪酒店舉行。許多著名收藏家和有錢人到場，還有一些富豪則接通了現場拍賣電話專線。多位買家激烈競逐，叫價很快就超越最高估價。最終，一位並未到場的電話買家，以7262萬港元的天價，將珠鏈據為己有，從而使這串珠鏈成為當時亞洲拍賣史上最貴重的一件翡翠拍賣品。

據佳士得拍賣公司介紹，這串珠鏈取自一塊重約50公斤的翡翠原石。30多年前，一位緬甸珠寶商得到這塊璞玉時，並未覺得它的珍貴，打算將它出售卻乏人問津。後來珠寶商將玉石從中間剖開，切割時天空兩度出現彩虹，玉石中央是一塊重約1公斤的碧綠翡

松下高士擺件。

翠。於是，珠寶商將翡翠玉石製成一條獨一無二的珠鏈，命名為「雙彩」珠鏈。

20世紀90年代以後，翡翠收藏投資開始活躍於民間收藏領域和拍賣市場。近10年來，翡翠的價格平均上漲了幾倍，部分珍品上漲幾十倍，翡翠藝術品在國際、國內拍賣會上均被列入重要拍品之列。

在1999年香港佳士得秋季拍賣會上，一枚橢圓形蛋面翡翠戒指以1850萬港幣成交。

在2004年的北京翰海秋季拍賣會上，一只乾隆年間的翡翠雕雙鳳耳二龍戲珠紐三足爐以385萬人民幣的高價成交。

在上海崇源的一次拍賣會上，一串罕見的老坑玻璃種質的翡翠珠鏈以143萬人民幣的價格拍出。

從中國和國際拍賣行的紀錄看，好的翡翠拍賣價越來越高，買漲不買跌的心理，攪動了中國翡翠市場熱潮湧動。

為何出現翡翠市場熱潮

為何出現翡翠市場熱潮？這是因為儘管人們選購翡翠有不同目的，但有一點相同，就是人們喜愛翡翠。對大多數中國人來講，不論男女老少都很喜歡翡翠，所以，購買與收藏翡翠，對於喜歡它的人來說，好處實在太多了。

探尋為何出現翡翠市場熱潮的原因，有如下幾個因素。

小蘑茹。

1. 投資保值

翡翠的投資保值作用，要比任何寶石的投資價值都高，增值更快。好翡翠產量少，需要好翡翠的人越來越多，供求關係將更加不易，價格還將不斷攀高。

2. 讓自己更美

追求美是人的天性，佩戴首飾不但可以達到裝飾自己、增加美感的目的，而且是一種藝術的表現、身份的象徵。

正如有人所言，從一個人佩戴的首飾可看出這個人的品位和身份。身穿美麗高貴服裝的女士，無不佩戴首飾。

瓜果。

翡翠飾物更是中國人不可缺少的首飾之一，所以有一定經濟能力的人，一般會買翡翠首飾裝飾自己，表現自己。用來裝飾自己的翡翠首飾，在購買時，往往是根據自己的經濟能力，希望買的翡翠既能美化自己，又有保值作用。

3. 購買翡翠表達感情

翡翠是送人最好的禮物之一，因為它具有紀念意義。

丈夫買給妻子，妻子買給丈夫，都講一番心

意。如一位醫生到處找一對相同翡翠的雞心，他說一只自己要，另一只相同大小、相同種質的送給妻子，可以說是心心相印。

孩子買給父母，往往買桃形的翡翠，希望父母長壽。

父母買給孩子往往更費一番心思。有的父母認為孩子太頑皮，需佩戴翡翠，就買佛公翡翠給孩子；有的是孩子出國讀書，父母就買一方牌翡翠送給他。方牌既可以讓孩子記住父母的訓誡，又可以鼓勵他要像翡翠那樣具有堅忍的品格。

送給朋友的結婚禮物，往往選購一些寓意成雙成對、天長地久的翡翠，這樣更易受人喜愛。

4. 藏玉、玩玉陶冶情操

中國人有戴玉、玩玉、藏玉的習慣，尤其是男士們更有收藏玉的習慣。收藏翡翠的人不一定將翡翠佩戴在自己身上，也會經常拿出來把玩、欣賞。

收藏玉的人有不同的偏愛，有的專門收藏雕件，喜愛雕工的寓意；有的喜歡收藏古色古香的翡翠；有的專門收藏種好的翡翠；有的專門收藏三彩的翡翠；有的專門收藏某種色彩的翡翠。例如，有人專門收藏黃色的翡翠；而有的人特別偏愛收藏紫色的翡翠，凡是見到好的紫色翡翠就如癡如醉非買不可。很多人收藏翡翠並沒有考慮再賣，可謂「有錢難買心頭愛」，收藏是為了將翡翠作為一種藝術品來欣賞。

5. 為了投資收藏翡翠

有的人收藏翡翠是有投資考慮的。既可以滿足欣賞目的，又可以作為一種投資，以便賺取利潤。這就要花一番心思，要積累豐富的知識，要考慮哪些翡翠將來會賣到更好的價錢。

最大的翡翠投資市場在中國

2008年股市「倒春寒」，眼亮的投資者紛紛倒戈，投資大潮湧向短暫沉寂的收藏市場。因產地資源日漸枯竭，身價穩漲的翡翠成收藏熱點。「為自己，更為下一代珍藏」成為收藏者的普遍心理。據代表國內高檔翡翠品牌的「傳世翡翠」的統計，其翡翠銷量，2008年前3個月比去年同期增長35%以上，主要為投資收藏型消費。

國際投資形勢就像多米諾骨牌，美國信貸危機掀起金融業一陣大波瀾，瞬間就可以影響到國內市場。但2008年3月19日，紐約兩場重要的藝術品拍賣卻成績不凡。佳士得2008年春季拍賣會1.94億元的成交額裡，中國翡翠鼻煙壺114件拍品全部成交，一時間翡翠成為藏家的寵兒。

此時國內房市降溫、股市割肉。相形之下，拍賣場上大小拍賣「預演」緊鑼密鼓、生機盎然，似乎就是衝著股市低潮而來的。藏品市場名目眾多，紅木傢俱、字畫、陶器、翡翠……剛入門的挑花眼，收藏資歷深的卻偏愛翡

手鐲。

翠。

　　高檔翡翠成為投資熱點。據媒體報導，一位在收藏界打拼40多年的專家李先生認為，收藏品投資中，最穩當的就屬翡翠，翡翠藏品大多體積玲瓏，便於傳世珍藏，比起易腐蝕、難搬運的傢俱、字畫、陶瓷好保存得多。而翡翠的身價在最近的拍賣場上也是一漲再漲，不管是初入門者還是江湖老手，很多人都選擇高檔翡翠作為重要投資收藏對象。

　　有人做了一個簡單的比較。

　　10年前，緬甸是翡翠供應產地；中國香港是原料和加工中心；臺灣、香港，東南亞和歐美華人聚集地是高檔消費市場。

項鏈。

　　如今，緬甸是翡翠供應產地；中國內地形成毛料貿易中心、高中低檔翡翠加工中心，消費市場正在興起；香港老的高中檔加工中心正在思變；中國香港、臺灣和美國、歐洲消費市場正待復興。2008年，中國內地翡翠收藏投資浪潮已經興起。

　　翡翠商業版圖的變化，是世界翡翠產業大洗牌的結局，新的翡翠產業結構再一次凸顯了中國的角色地位。

　　如今的中國，在國際翡翠商們的眼裡，既是翡翠的第二故鄉，也是未來三五年全球最大的市場。

　　從完璧歸趙的「和氏璧」，到孔子的「君子玉德」說，再到賈寶玉的「通靈寶玉」，

百子圖。

中國人對玉的價值、品德和靈性的認同，達到了似乎無物可以替代的境地。作為「玉石之王」的翡翠在中國有著極為廣泛的消費基礎，而中國的翡翠市場也經歷了從無到有、從地下流通到正規市場流通的可喜變化。

三羊開泰。

翡翠資源正在流向中國內地。1995年以前，賭石的人主要是緬甸華人、中國香港人和臺灣人。1995年以後，中國內地的珠寶商紛紛進入緬甸，如在2002年3月上旬的第39屆緬甸國際珠寶翡翠拍賣大會上，到會的客商500多位，其中來自中國內地的竟達400多人。

緬甸政府也明確表明在公平的貿易政策基礎上，要加強與中國的合作。這表明中國內地翡翠市場占絕對優勢，同時顯示出中國翡翠投資者對翡翠市場前景充滿信心。

國內翡翠市場正在由無序到形成了一個較完善的市場體系，形成了產、供、銷三級完善的市場，為消費者購買翡翠提供了一個正規的管道，出現了一批成熟的、有特色的加工基地與交易市場。

學術研究提升了翡翠市場

翡翠科學研究不斷深入，確立了翡翠的學術地位，從而進一步鞏固了其商業地位。

翡翠研究的學術地位不斷提高，使翡翠的理論研究方面有了很大的突破，湧現了一大批翡翠研究論文專著。這為加強翡翠專業人才培訓、普及翡翠文化及加強翡翠產品的推廣力度奠定了基礎。同時由於學術界、商家和消費者的相互促進，促成了近年來翡翠科學研究和高檔翡翠收藏市場的雙重熱點以及科研與商業宣傳的良性互動。

此外，鑑定技術、鑑定手段的提高以及國家標準的制定，行業協會、有識商家的共同努力，促使了市場逐步規範，使翡翠收藏家信心倍增。

在重視科研與規範市場的同時，我們更注重專業人才的培養，尤其注重實戰能力，培養了一批珠寶翡翠經營、管理、銷售、設計、加工、科研、教育、評估等方面的人才，提高了從業人員整體綜合素質，在很大程度上推動了翡翠珠寶業的發展。國家珠寶玉石品質監督檢驗中心開辦的「翡翠培訓班」就是一個很好的典範。

手鐲。沈泓藏。

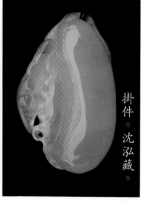
掛件。沈泓藏。

翡翠收藏熱衷可見投資前景光明

中國翡翠市場正在與國際接軌，收藏投資前景光明。這表現在翡翠的美學研究水準不斷提高，在傳承玉文化精髓「圖必有意，意必吉祥」的同時，將翡翠、鑽石及貴金屬結合在一起，一改翡翠以往單一的佩戴方式。

在走過了依傍玉文化的漫長之路後，翡翠又進入與鉑金和鑽石珠聯璧合的時代，形成了一個既有中國玉文化，又融入了西方鑽石文化的翡翠時尚，並出現了一些以翡翠為專題的首飾設計創意大賽。在其他珠寶首飾的設計大賽中，翡翠飾品所占比重也逐年增加。

由於中國幾千年玉文化的沉澱，翡翠在中國有著廣泛的消費基礎和巨大的消費市場，市場潛力極大。但不容忽視的是我們的翡翠市場目前還存在許多問題：珠寶商沒有建立大市場觀念，各自為政，產品重複且缺乏特色，經營者素質良莠不齊，導致低水準競爭、品牌意識淡薄，宣傳環節極為薄弱，佔領市場份額的主要手段就是價格戰，等等。

有遠見的珠寶公司已經清楚地意識到了這一點，它們將翡翠列為重要投資發展項目和企業新的利潤增長點，努力打造翡翠民族品牌，目前這些品牌已依託良好的名牌效應，帶動了整個翡翠市場，並逐步與國際市場接軌。

香港翠之寶有限公司總經理龔明光說：翡翠是東方人的珠寶，但國人對它的瞭解卻非常少。在目前國內珠寶市場上，作為舶來品的西方鑽石文化在大力推廣下，僅用了十餘年的時間就佔據了主角地位，而有著7000多年歷史的玉文化，卻在「西風日漸」中受冷落。

實際上，全球有約10個國家出產鑽石，翡翠則90%以上產於中國的臨國緬甸，因而翡翠比鑽石更具有「稀缺性」，這與收藏的「第一原則」相吻合。因此，收藏投資價值高的翡翠飾品正在贏得國人的青睞。

此外，海外許多經營翡翠多年的大牌公司紛紛看好中國市場，也已經開始逐步將市場重點轉移至中國內地，相信不久的將來國內的翡翠市場將呈現「百花齊放，百家爭鳴」的良好態勢。

翡翠市場的發展對翡翠收藏投資者非常有利，從收藏投資市場熱中，可以看到其光明的收藏投資前景。

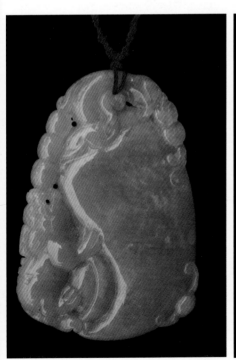

黃翡掛件。沈泓藏。

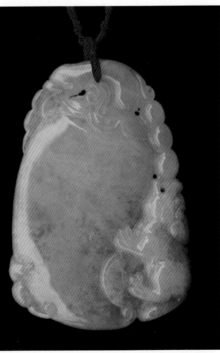

掛件。沈泓藏。

第二章

翡翠的文化源流

言念君子，溫其如玉。

——《詩經》

深山訪友。

翡翠是玉石家族中的一員，特別好的翡翠價值可以與鑽石媲美。

翡翠又稱緬甸玉，硬度高，光潔明亮。好的翡翠顏色既鮮亮又平和，有很高的保值和收藏價值，被很多愛玉、佩玉的人所喜愛。

翡翠概說

翡翠的英文名稱為Jadeite，意為佩帶在腰部的寶石。在16世紀，歐洲人認為它是一種能治腰腎病痛的寶石。

翡翠的硬度為摩氏硬度6.5～7，堅韌性好，受重擊後也不易破碎，抗壓強度有的甚至超過鋼鐵。翡翠的顏色有多種，化學成分純淨的翡翠為白色，當成分中含有金屬色素離子時，就出現綠、紅、紫、黃、灰、黑等色。其中紅色被稱為「翡」，綠色被稱為「翠」。

在所有的顏色中，最為名貴而且最有價值的是鮮豔美麗的綠色。如果在一件翡翠上紅、綠、紫、黃各色共存的話，則寓意福、祿、壽、喜，那它就是一件價值很高、很難得的玉器了。

翡翠的色彩豔麗，質地細膩，硬度高，韌性好，可用來雕琢首飾和各種工藝品。

翡翠雕琢精品迭出，在民間有翡翠黃瓜和玲瓏寶塔等，皇宮中的翡翠製品更是不同凡響，顯現出匠人們巧奪天工的絕技。

緬甸翡翠資源最為豐富，是翡翠的產地，世界上90%以上的翡翠產自這個國家。自從緬甸北部霧露河流域發現翡翠原生礦以來，開採已有600年歷史。在以帕敢市為中心的方圓250平方千米的範圍內，儲藏有豐富的翡翠資源。至今礦場區主要有8個，分別為龍肯、達木坎、會卡、帕敢、香洞、後江、南其、雷打，開採礦洞達數百個。

由於翡翠產在緊鄰中國的緬甸，且大部分成品在中國加工的特殊關係，加之中國人對翡翠的特別偏愛，西方國家也普遍認為翡翠是中國的「國玉」。而日本、紐西蘭等國家，也把翡翠作為本國的「國石」。

下棋。

翡翠是一種珍貴的寶石，為玉石之王。人們把翡翠和祖母綠寶石一起列為5月份的誕生石，是運氣和幸福的象徵。

翡翠的身世之謎

翡翠的身世一直是一個謎，或許這謎太誘人，故人們編造了一個美麗的故事。

翡翠的名稱源於翡翠鳥，雄鳥羽毛紅豔，叫翡鳥；雌鳥的羽毛鮮綠，叫翠鳥。翡翠的顏色極像這兩種鳥的羽毛，所以翡翠之名被移用在美玉上，專指一種含矽酸鋁鈉的硬玉，是因為這種硬玉顏色不勻，有時在淺色的底子上伴有紅色和綠色的色塊，其色彩猶如美麗的翡翠鳥。

古人用這兩種美麗的小鳥來命名一種寶石，無形中為這種寶石增添了一種悠遠的文化氣息。

流光溢彩的寶石，似乎總與悽楚慘烈的古老傳說緊緊相連。然而，翡翠鳥的傳說並未能科學解釋翡翠的身世之謎。傳說湮沒之後，誰能從那奪人心魄的光芒中追本溯源？

一群好事的法國人對此大感興趣，從科學的角度研究起古老翡翠的「身世」來。

法國南錫的岩石記述學及地球化學研究中心的研究小組，對一些著名的翡翠進行了研究，分析其中氧同位素的含量比例，以確定其產地。有關研究成果發表在美國《科學》雜誌上。

他們的研究物件包括：法國自然歷史博物館收藏的一只古羅馬翡翠耳環；印度海德拉巴統治者寶藏中的4塊翡翠（它們

葫蘆墜子。

在18世紀才被切割，但據考證歷史可上溯至亞歷山大大帝時代）；法國神聖王冠上的一塊翡翠；法國自然歷史博物館於1806年用以展示翡翠礦物成分的兩塊大翡翠；美國佛羅里達州一位收藏者擁有的一塊經粗略切割的翡翠。

傳說中這些翡翠大多產自中東的古老礦脈，但有人對此表示懷疑，因為傳說述及的這些翡翠礦脈是在這100年內才被發現的。

氧同位素分析表明，這些傳說中有一部分是正確的，有一些翡翠的確產自中東，當年或許曾是絲綢之路上的貴重商品；但也有一些翡翠並非如此，它們的「故鄉」在南美，是被西班牙探險者帶到歐洲的。

研究人員說，美國佛羅里達州的這塊翡翠產自哥倫比亞。自從西班牙人在當地發現礦脈後，哥倫比亞便成為世界主要的翡翠產地之一。

綠色為翠。

紅色為翡。

印度的這4塊翡翠中，有3塊看來也來自哥倫比亞，另一塊產於阿富汗。阿富汗的翡翠礦脈在1976年才被正式發現，但這塊翡翠自18世紀以來就存在，故該礦脈可能很早就有人探索過。

法國王冠上的這塊翡翠及法國自然歷史博物館用以展示的這兩塊大翡翠，據分析都產於奧地利。古羅馬耳環上這一塊，則產自巴基斯坦。該地區的礦脈也是在20世紀才被發現的，但這只耳環表明，早在現代人大規模發掘這片「寶地」之前，古代的尋寶者已經找到了這裡。

兩種和多種顏色集於一身時最切合翡翠的寓意。

荷花。

翡翠何時傳入中國

關於翡翠傳入中國的時間，據筆者考證有多種說法，有人說是從漢代，也有人說是從清代，眾說紛紜，不一而足。

關於翡翠何時傳入中國，主要有如下幾種觀點。

1. 漢代傳入說

這是一種揣測，說翡翠從漢代就傳入了中國。

據史籍記載，早在東漢永元九年（西元97年），雲南永昌（今保山）徼外蠻及撣國王雍「調遣重澤奉國珍寶」，這是緬甸玉石首次進入中國。

撣國即今緬甸東北孟拱、孟密一帶，當時玉石是作為貢品，還不是作為一般的商品進行交易。

儘管沒有實物證實，但從漢代開始，雲南騰衝確實已成為我國與緬甸進行貿易交往的重鎮。當時，從四川成都出發，經騰衝入緬甸密支那可直抵中西亞，形成了一條「絲綢」之路。

這條西南絲綢之路比北方絲綢之路還早200～400年。當時，沿著這條路，馬幫、象隊絡繹不絕，販運大量的玉石毛料。密支那—騰衝—永昌，密支那—八莫—盈江—騰衝是兩條主要通道。

漢代張衡的《西京賦》、班固的《西都賦》以及六朝徐陵的《玉台新詠詩序》都提到了翡翠，但到底是指軟玉中的碧玉，還是作為硬玉的翡翠，尚在考察論證中。

2. 宋代傳入說

有資料稱：「翡翠在我國明確地稱為硬玉，可能始於宋代。」

宋代文學家歐陽修在他的《歸田錄》一文中對翡翠屑金的描述，說明翡翠可能在宋代以前就傳入中國了，也說明「翡翠」一詞從宋代以前就從傳統上指某種鳥，已轉而指

硬玉，也就是後來的翡翠了。

在《歸田錄》中，歐陽修是這樣描述翡翠的。他說，他家有一只玉瓶，小口大腹，形制古老而製作精巧。當初他從好友梅聖俞那裡得到它時，以為是只普通的碧玉瓶。在穎州時，有一次拿出來讓僚屬們觀賞，座中有一名叫鄧傳吉的人，是真宗朝代的老內臣，眼光不凡，告訴他說：「皇宮中的寶物都藏在宜聖庫，庫中有翡翠盞一只，我見過，所以認得此瓶的質料是翡翠。」這之後，有一天他無意中把一只金環在瓶腹信手摩擦，金屑紛紛而落，他頗為驚異，才知道翡翠還能削金。

3. 明代傳入說

有文獻記載，明代翡翠才進入中國雲南；明代，中國出現緬甸翡翠；清代，由於王公貴族的喜愛（尤其是受到清朝乾隆皇帝的推崇和慈禧太后的喜愛），被稱為皇家玉，由此翡翠身價百倍，成為玉中極品。

關於翡翠傳入中國的歷史是從明朝開始的這一論點，還有實物為證。中國迄今發現年代最早的翡翠製品是北京明定陵中出土的翡翠如意，於1368～1644年在中國出現。

4. 清代傳入說

紐約大都會博物館的屈志仁質疑過清朝以前的翡翠就是指緬甸硬玉的說法，他認為漢朝、南朝、宋朝的翡翠實為碧玉或者綠玉。

荷花。

老壽星。

基於現今「碧玉與翠玉外表色澤相近，古人常通稱之」的理由，專家們認為明以前文獻中的「翡翠」「翠玉」，不是今日緬甸翡翠（輝石硬玉），而是指一種透明度較高的碧玉（角閃石軟玉）。香港收藏家李英豪也持類似看法。

因此，很多人認為翡翠是清代傳入中國，從傳入到應用也只有300多年的歷史。

清代傳入說比起明代傳入說又似乎太晚，或許可以說，翡翠在中國清代得到空前的重視，目前我們能看到大量清代的翡翠製品，例如朝珠、翎管、扳指、鼻煙壺、煙袋嘴、戒指、項鍊、手鐲、掛件等。

中國目前從宮廷珍藏和出土文物中尚未發現明朝以前的翡翠。因此，中國人何時稱硬玉為翡翠，緬甸翡翠何時輸入中國，一直是有待考證的歷史之謎。

中國的翡翠之路

　　關於翡翠何時傳入中國有爭議，但民間有一個翡翠傳入中國的故事，卻得到大家的認同。據說「翡翠」是一位中國商人偶然發現的。

　　當時有個在中國雲南邊境的商人，他經常往返於中緬之間做生意。有一次他又去了緬甸，回來時，騾子馱簍一邊的東西賣完了，而另一邊的東西幾乎沒有動，為了保持馱簍的平衡，商人就在路邊隨便揀了一塊大石頭放在空簍裡。

　　回家後，商人卸下馱簍，將那塊石頭隨便地扔在地下，石頭正巧被摔成兩半，裡面露出了碧綠的玉石……這就是翡翠傳入中國的來歷。

　　中國的翡翠之路由此故事啟程。明代中葉，中國皇帝派太監駐永昌、騰衝專門採購珠寶玉器。明末熹宗天啟《滇志》載：「官給本錢，由民收寶石人於宮。」官私合作，使當時緬甸玉石大量進入中國。

　　中國的翡翠之路上，騰衝是一個重要的必經之地。從明代至抗日戰爭後期的近500年間，緬甸開採的翡翠料大多是從兩條道運入騰衝的。騰衝商號林立，大多從事玉石進口的業務，儼然是一批實力雄厚的跨國公司。而這條「絲綢」之路，在這段時期還不如說它是「翡翠之路」更為恰當。

　　在清代，從緬甸進入騰衝的商品以玉石珠寶為主，棉花次之，大量玉石會集騰衝後，一部分就地打磨加工，一部分向東經大理運達昆明加工，再運銷內地和沿海。

　　到抗日戰爭前夕，騰衝被日軍佔領之前，這裡盛極一時，城內的小月城是玉石珠寶商人聚集之處，有上百家店鋪，各色玉石、翡翠雕件琳琅滿目，被稱為「百寶街」。

　　當時騰衝城門外的拴馬場上，過往行商騾馬留下的糞便每天有0.6～1公尺厚，可見當

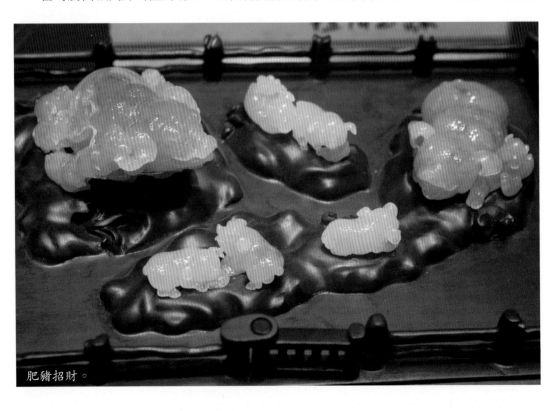

肥豬招財。

時騰衝已成為滇西南的大都會，並有「小上海」之稱。

由於玉器珠寶價值昂貴，刺激了緬甸玉石的開發，滇西南的老百姓蜂擁而至，紛紛前往緬甸彩玉。

從明清年間到新中國成立初期，滇西南大多數年份每年有數萬人上山。美國人布林賽在《東南亞的中國人》一書中這樣寫道：中國大批開採玉石和寶石的技術工人到緬甸，使緬甸的玉石和寶石產量大增。緬甸古都的中國古廟的石碑上，還刻有五千個中國玉石商人和彩玉工人的名字。

翡翠為何在晚清興起

翡翠製品約在清代中後期才在中國流行，成為宮廷及上層社會的高檔裝飾品和陳設品。

翡翠能在清朝興旺起來，除了與傳統的玉文化觀念有著內在的聯繫外，還有一個非常重要的原因，那就是清朝統治者對它的青睞。

清代乾隆時期，翡翠輸入增多，在乾隆晚期始為人們賞識。自乾隆開始，嘉慶、道光、咸豐、同治、光緒、宣統七位皇帝對其情有獨鍾，宦官和商賈以翡翠收藏豐儉來衡量財勢，故翡翠又被稱為「皇家玉」「帝王玉」，其地位凌駕於各種寶石之上。

特別是嘉慶、道光之後，翡翠身價日益抬高，超過了和田玉。

慈禧太后特別喜愛翡翠首飾，經常向粵海關索取。她對翡翠的迷戀可以說達到了無與倫比的地步。傳說當時有位進貢者，將一枚很大的鑽石頭飾獻給她，卻沒有討得這位中國女皇的歡心；而另一位進貢小而精美的翡翠飾品的官員卻得到寵愛。從此，各地向朝廷進貢的人，就都選擇上等翡翠作為貢品，以博得她的歡心。

慈禧生前如此，死後也不例外，據她的心腹大太監李蓮英的《愛月軒筆記》記載和陵墓發掘資料佐證，慈禧陪葬的翡翠精妙絕倫，空前絕後。

絲瓜。

三元童子。

玉米花生。

白菜。

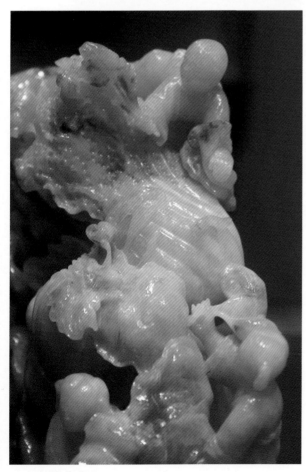

白菜與童子。

在慈禧屍體腳下有翡翠西瓜兩個，長15～20公分，皮是翠綠色的，瓜瓣是紅色的，其中還有幾粒黑色的瓜子，一切都天然巧色，據說當時的估值在500萬兩白銀（1兩＝50克）。可惜此瓜被軍閥孫殿英盜走，後來賣給了費城博物館。

慈禧的身旁還有翡翠白菜兩棵，綠葉白心，在菜心上落著一隻滿綠的蟈蟈，綠葉旁還有兩隻黃色馬蜂，形象極為生動逼真，其價約為1000萬兩白銀（1兩＝50克）。

另外，還有一件翡翠荷葉與四個甜瓜，從而構成了「步步生蓮花」的意境。

這些國寶在辛亥革命後，被軍閥孫殿英盜掘而流失，很多至今仍下落不明。

翡翠製品有「舊飾」「時飾」之分。所謂「舊飾」是指清末以前的「官飾」及貴族的首飾，如翎管、扳指、帽正、龍帶鉤、朝珠、扇墜、煙壺、別子、牌子等；所謂「時飾」是指晚清以來社會上流行的飾物，如奶墜、鐲子、戒指、耳環、項鍊、馬蹬等。

有專家認為，翡翠不可能具備和田玉的內涵，僅是華美的玉材而已。這是一家之言。

近幾年來，我國掀起了一股翡翠熱，這本身就是對翡翠最有說服力的評價。

翡翠帶來福運

追溯一下首飾的歷史，當人類的祖先把一顆獸牙或一塊獸骨用皮繩穿起掛在自己的頸部時，不僅僅是愛美的天性在驅使，他還希望掛在胸前的戰利品能為自己趨吉避凶，消災解難。

每個民族在它的文明發展史中都孕育了獨特的珠寶文化，一些珠寶首飾由於它材質的特殊性和某種傳說而被賦予了特殊的靈性，成為人們所說的祈福珠寶。

時代的發展，科技在進步，人們自然不會再迷信珠寶的所謂神靈作用。然而，在源遠流長的歷史中形成的審美觀念和民風民俗依然潛移默化地影響著人們，追求幸福、祈求平安也是人類共同的心願。

那麼，溫潤的翡翠就代表心中的真善美，緊貼肌膚，自會體會你的真心與真情、讓吉祥、安康、幸福、快樂永遠環繞著你。

與璀璨閃耀的鑽石相比，中國人對細密圓潤、色彩鮮麗的翡翠傾注了更大的熱情。戴一件晶瑩剔透、內涵堅實的翡翠，就是君子之風的體現，那些雕刻著吉祥圖案的翡翠，更是幸運與幸福的象徵。這是源遠流長的玉文化對翡翠收藏著的昭示。

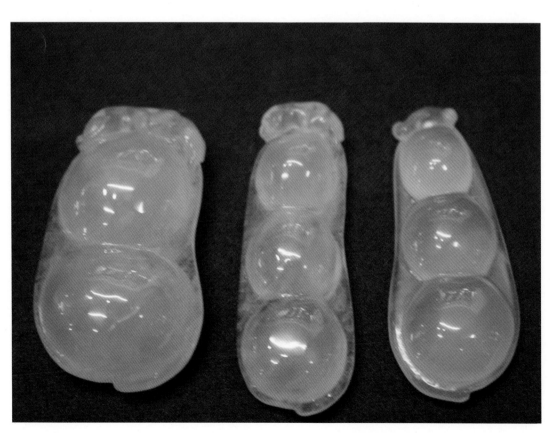

豆角墜子。

第三章

翡翠成因之謎

翡翠火齊，流耀含英。

——漢・班固《西都賦》

　　關於翡翠的形成，民間有很多神奇的傳說，地質學家以前一直把它看成一個謎。

　　從岩石學角度來看，翡翠是一種岩石，它是由硬玉為主要礦物成分的輝石族礦物和角閃石族礦物組成的礦物集合體，地質學中稱為硬玉岩或綠輝石岩，為鈉、鋁矽酸鹽的輝石類寶石。

山居。

翡翠是一種硬玉

　　翡翠的成因與一般玉石的成因不同，翡翠是一種硬玉。

　　19世紀下半葉，法國礦物學家德莫爾將中國的「玉」分為軟玉和硬玉兩類。硬玉，中國俗稱「翡翠」，是中國傳統玉石中的後起之秀，也是近代玉石中的上品。

　　翡翠主要是由硬玉礦物組成的緻密塊體。在顯微鏡下觀察，組成翡翠的硬玉礦物緊密地交織在一起，形成翡翠的纖維狀結構。這種緊密的纖維狀結構，使翡翠具有細膩和堅韌的特點。

　　硬玉是由一種鈉和鋁的矽酸鹽礦物組成，純淨者無色或白色。其塊體的化學成分為：二氧化矽占 58.28%，氧化鈉占 13.94%，氧化鈣占 1.62%，氧化鎂占 0.91%，三氧化二鐵占 0.64%，此外還含有微量的鉻、鎳等。其中，鉻是使翡翠具有翠綠色的主要因素。通常翡翠含氧化鉻 0.2%～0.5%，個別達2%以上。

　　翡翠的組成礦物主要是單斜輝石簇中的硬玉，或含硬玉分子較高的其他輝石類礦物，如鉻硬玉、綠輝石等。

　　翡翠硬度為7；相對密度為3.33；礦物折光率：Ng＝1.667，Np＝1.654；重折率0.012。

　　翡翠的礦物成分被認為是高壓低溫變質作用

的產物，並為翡翠的合成實驗所證實。

透輝石、霓石等構成的玉石也可稱輝石玉，但不屬於翡翠玉。有人把黑色透輝石玉稱為翡翠，有專家認為不合適。

對於硬玉翡翠的鑑定，國家標準《GB/T 16553-1966 珠寶玉石鑑定》已作了較準確的規定。

但是，商貿中的翡翠比硬玉翡翠的範圍要大。由於翡翠是多晶集合體，確定是否為翡翠及翡翠類別的礦物成分，較準確的方法是電子探針圖像成分分析，但受儀器設備限制，且費用高。較快速方便的是微粉末油浸法測定，只要一台普通偏光顯微鏡及幾瓶折射率浸油，所取的測樣甚微，即便高檔戒面也不影響其美觀和價值。

翡翠是商業名稱，具有歷史性和專屬性，從岩石學角度來定義翡翠應為：具有工藝價值和商業價值，達到寶石級的硬玉岩或綠輝石岩。

翡翠堅韌性好，受重擊後也不易破碎，抗壓強度有的甚至超過鋼鐵。翡翠的顏色有多種，化學成分純淨的翡翠為白色，當成分中含有金屬色素離子時，就出現綠、紅、紫、黃、灰、黑等色。

翡翠稱為硬玉，新疆玉等透閃石則稱為軟玉。

可以說，翡翠是一種不以重量來衡量其價值的寶石。正因為如此，翡翠的價值判斷尤為重要。翡翠原料的價值千差萬別，高檔的原料，不足1000克的小塊便價值數千萬甚至上億元；一噸重的翡翠原料可能每公斤只要數千人民幣，價值的差別上萬倍。

世界上最著名的翡翠產於緬甸烏龍江流域，此地翡翠質地最佳。

此外還有產於美國加利福尼亞的加州玉、印度翡翠、朝鮮翡翠、臺灣翡翠、澳洲玉、產於南美的亞馬遜玉、產於東歐的斯杜倫玉、產於南非的特蘭斯瓦爾玉，還有紐西蘭、日本、俄羅斯等國也出產翡翠。

但在收藏者的心目中，除了緬甸翡翠是正品，其他都是翡翠贗品。因為世界上90%以上的翡翠產自緬甸。

翡翠生成的時間和地質條件

翡翠生成於1.8億年前到3500萬年前的兩次地質碰撞。從侏羅紀（約1.8億年前）的緬藏板塊與歐亞大陸板塊碰撞，並向歐亞大陸板塊之下俯衝，到第三紀的漸新世（約3500萬年前），印巴板塊與歐亞大陸板塊、緬藏板塊碰撞，並俯衝於歐亞、緬藏板塊之下。

這兩次的碰撞，尤其是第二次的碰撞，不但使青藏、雲貴高原上升隆起，還造成了世界屋脊。使原殘存的緬藏板塊更加支離破碎，造成大大小小的斷裂，超基性岩及其他岩漿岩沿斷裂帶侵入。

這些超基性岩是生成硬玉礦床的母體，是一個高壓低溫變質帶，主要發生在喜馬拉雅山運動期。這些超基性岩主要由蛇紋岩、橄欖岩、角閃石等組成，侵入於藍閃石片岩內。

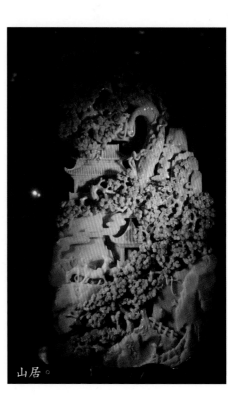

山居。

根據野外地質關係及絕對年齡測定，超基性岩的侵入時間應為白堊紀晚期至第三紀早期（7000萬～6500萬年前），並見有稍後生成的（第三紀）花崗岩及更後期的輝長岩等（其內含金）。

由以上可判斷，作為硬玉岩的翡翠生成的時間應為開始侵入的蛇紋岩化橄欖岩形成之後。

翡翠生成的地質條件十分苛刻，它需要一個高壓低溫的地質環境。硬玉岩在整個地殼中非常難於形成，並且十分稀少，另外它的圍岩——超基性岩也十分少見。有了以上兩個條件為前提，還須有微量鉻離子——色素離子在一定的溫度範圍內，在漫長的時間裡，不間斷地進入硬玉晶格，才能形成一般的綠硬玉。

再者要有生成翡翠後的地質作用及多次強烈的熱液活動，把翡翠改造成綠正、水好、底純的特級翡翠。

曾有人認為翡翠與鑽石一樣，都是在地殼深處高溫、高壓條件下結晶形成的，認為翡翠成色過程是伴隨著熱液活動進行的，為多期強度不同的成色過程。有專家認為其實不然。如美國不少地球物理學家在實驗室做了大量的模擬實驗，再結合世界各地發現翡翠礦床的實際情況，他們認為，翡翠並不是在高溫情況下形成的，而是在中低溫條件下，在極高壓力下變質而成的。

緩慢分解成鉻離子的致色元素，要長時間處在150～300℃，最佳溫度是在212℃左右，鉻離子才能均勻不間斷地進入晶格，在這種條件下生成的翡翠綠色非常均勻。

瓜藤。

日本東北大學砂川一郎教授在1983年出版的《話說寶石》一書中，更具體指出翡翠是在10000個大氣壓和比較低的溫度（200～300℃）下形成的。

地球由地表到深部，越往深處溫度越高，壓力也越大。但翡翠既是在低溫高壓條件下結晶形成，當然不可能處於較深部分，那麼高壓究竟從何而來呢？

這高壓是由於地殼運動引起的擠壓力所形成的，現已獲得證實，凡是有翡翠礦床分佈的區域，均是地殼運動較強烈的地帶。

完全生成特級翡翠後，還不能有大的地質構造運動，否則將會產生大小不等、方向不同的裂紋，從而影響品質。

以上各條件很難同時具備，這就是為什麼特級翡翠稀少的原因。

優質翡翠的形成過程

若要成為優質翡翠，還需具備以下條件：翡翠圍岩必須是高鎂高鈣低鐵岩石。這種環境產出的翡翠更純淨，少鐵使底不發灰。

觀音。

要翡翠十分純淨無雜質，還須在還原條件下，即在還原環境中生成。因為在缺氧環境中，它所含的鐵會形成磁鐵礦析出，從而使翡翠的綠色更正。

優質翡翠必須具備兩個最基本的條件：純正濃豔的綠色和老種。

透過專家對翡翠毛料結構構造特徵的系統觀察研究表明，這二者的形成都與韌性變形密切相關，優質翡翠是普通硬玉岩經韌性變形改造的結果。其主要形成過程依次可分為以下幾個階段。

1. 成岩階段

在特定的高壓低溫環境下，富含 Na、Al 的原岩經變質結晶作用和重結晶作用形成硬玉岩。其主要特徵為：絕大部分為白色、灰白色，質地粗糙，水頭短，種差，一般無工藝價值；顯微鏡下呈粒狀鑲嵌變晶結構或柱狀鑲嵌變晶結構，晶粒間隙較大，顯微鏡下裂隙發育，氣液包體和雜質發育，未見有明顯韌性變形現象。

該階段一般無綠色形成，極少數地段由於 Cr^{3+}、Fe^{3+} 等致色離子富集，也可形成綠色，其主要特徵為綠色均勻分佈，色地不分，地中有色，色中有地，除顏色外與地子無任何區別，俗稱麻豆色。

2. 成色階段

各種分析測試資料表明，綠色主要由 Cr^{3+}、Fe^{3+} 等致色離子取代硬玉分子中的 Al^{3+} 而呈色，也就是說，綠色的形成過程實際上是 Cr^{3+}、Fe^{3+} 等離子取代 Al^{3+} 的過程，主要有以下兩種成色方式。

一是變質分異作用：成分較均勻的硬玉岩在變

蜜蜂窩。

質環境所特有的溫度、壓力和流體條件下，其中所含微量的 Cr^{3+}、Fe^{3+} 等致色離子活化遷移，局部集中富集、取代 Al^{3+} 而成色。主要特徵為：綠色呈大小不等、互不相連的點塊狀，無規則地散佈於地子中。地子一般較白，綠白分明，俗稱白底青。綠色與地子的水頭和種無明顯區別，一般來說質地粗糙、水頭短、種差，顯微鏡下呈粒狀鑲嵌變晶結構，晶粒間隙較大，顯微裂隙和解理發育，一般無明顯韌性變形現象。

二是韌性變形作用：硬玉岩在高壓條件下受構造應力作用而發生韌性變形，由硬玉岩與超基性圍岩間雙交代作用產生的富含 Cr^{3+}、Fe^{3+} 等致色離子的流體逐漸侵入韌性變形區，從而使得由韌性變形作用產生的動態重結晶晶粒在成核和生長過程中發生置換，將 Cr^{3+}、Fe^{3+} 等離子結合進入硬玉晶格而成色。

主要特徵為：韌性變形區（包括綠色部分）的水頭和種一般均比地子好，即所謂的「龍到處有水」。綠色佔據韌性變形區的一部分或全部，並嚴格隨韌性變形區的延伸分佈，顯微鏡下可見韌性變形區由細小動態重結晶晶粒及殘碎斑晶組成。依形狀不同，可將綠色分為以下三種類型。

a. 絲狀綠：綠色以細絲狀定向分佈。一般來說，種差、水頭短。

b. 帶子綠：綠色以粗的帶狀集中出現於條帶狀的韌性變形區。一般來說，比地子種好、質細、水頭好。

c. 網狀綠：韌性變形區以不規則的網狀分佈於地子中，有時將地子切割成角礫狀，綠色隨韌性變形區也成網狀分佈。此類綠色形狀極不規則，忽粗忽細，變化極大，局部可膨脹為綠疙瘩，一般來說比地子種好。

童子。

蓮花觀音。

翡翠原石分類

根據採集地方的不同，貿易商對翡翠原石特徵進行分類。

1. 水石和山石

是礦工沿著烏龍江畔從河水中撈起來的，這種石頭通常有著薄薄的外皮。與之形成對照，山石一般有著厚厚的外皮。

根據當地人所說，人們普遍地相信從河水中和山間採集的翡翠原石品質好，品質最好的是水石。另外，由於具有薄的外皮，水石比山石更容易透出其品質和顏色。這是因為通常的翡翠原石從外部觀察，並沒有太大區別。

由於水流以及氧化作用，水石有時暴露出很大的內部區域。山石厚厚的外皮和內部的一部分之間的厚層發暗，被稱為「霧」。

綠色和淡紫色的翡翠獨立於沉積型礦藏之外，但是，紅色以及褐色、橘黃色的翡翠僅僅存在於那些富含鐵的土壤中。

2. 老坑翡翠

按出產地理分，翡翠分老坑翡翠和新坑翡翠。老坑和新坑實際上是按人們發現、開採翡翠的先後年份來分的。有些行家從長期的實踐中發現，老坑中的翡翠品質較好，水分也較足，這是事實。是否由於長期在河流裡浸泡，水分進入結晶體中形成的呢？其實不是，在河流沉積礦床發現的翡翠品質較好，色高、質細、透明度好。對於這種情況，可以從地質學上得到合理的解釋。

實際上翡翠礦床存在的這些現象，其他寶石礦床也同樣存在，如砂礦中的鑽石，就是比原生礦床的品質好。

這是因為原生礦床實際上有各種品質不等的礦石，經過水流的搬運，沉積成次生礦床，一些品質差的，如有裂隙的、粗粒的、結構鬆散的、不純的翡翠就會得到自然的分選、淘汰。最後保留於河床中的，主要是一些質地較緊密，結構較細粒的翡翠。

這種翡翠往往較透明，卻不是因為水進入引起的，水是無法進入翡翠晶體的，老坑的翡翠品質較好，就是因為這樣的關係。

當翡翠露出地表後，自然界的氧化和水解作用使它含有的一些鐵質和錳質析出成為一種氧化鐵或氧化錳，附著在其表面，形成一層外殼，這層外殼即翡翠的外皮。就如不常使用的刀子，其表面氧化生銹一樣。

可以說老坑中的翡翠品質較好，但新坑中也有品質較好的翡翠，只是相對較少。這就是未經分選的結果。

怎樣界定是否為老坑翡翠呢？世界聞名的優質翡翠礦床位於緬甸北部烏尤河流域，從13世紀（也許還早）就開始在這一帶開採沖積砂礦和冰川砂礦，直到18世紀才發現原生翡翠礦床。

原生翡翠礦產於前寒武紀地層中呈由北向東延伸的蛇紋石化橄欖岩體內。主要產地是度冒、緬冒、潘冒和南奈冒。這四個礦區是由彼此相距很近的脈狀、透鏡狀、岩株狀翡翠礦體組成的一條長而厚的礦帶，沿走向長近2.5千公尺。含翡翠的脈體呈環帶狀構造，脈體中心部分是硬玉單礦物翡翠岩，向脈壁方向漸變為鈉長石——翡翠岩帶、鈉長岩帶和鹼性角閃岩帶。

翡翠岩一般厚2.5～3公尺，主要由白色硬玉組成。這種翡翠是一種緻密（極細粒至中粒）的硬玉顆粒集合體，它的外貌很像白色砂糖狀大理石。有的地方在白「地」上雜亂地

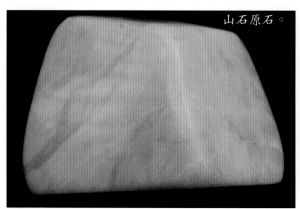

山石原石。

新坑翡翠原石。

翡翠雕件。

翡翠雕件。

分佈有各種顏色（深綠、蘋果綠、黃綠、藕粉色）的斑點和條帶，有時在同一塊翡翠岩中幾種顏色恰到好處地融和搭配在一起。

這幾個礦區被發現時，礦脈中的部分礦石在露天裸露的時間已經非常久了。由於當地帶酸性的地下水和雨水的長期浸泡和侵蝕，當地的翡翠礦石變得質地更加細密（因為那些質地粗鬆的礦石已經被風化和腐蝕掉了），在經過加工後顯現出非常好的通透度，這些礦區產出的翡翠就被業內人士稱為「老坑」料。

3. 新坑翡翠

所謂「新坑」，也就是指那些翡翠礦脈形成時間較晚一些的，遠離上述礦脈的坑口。由於年限較短，露天形成時間也不夠，所以大多質地粗鬆、水頭短少。也有人將山料翡翠礦石也歸納進來，但其實大多數「新坑」翡翠礦石是從幾十公尺深的坑井裡掏出來的。

有的新坑翡翠礦脈因為被發現得較晚，加之產量頗巨，目前主要用來做翡翠飾品的原料。而真正老坑礦床由於幾代人的開挖，已經資源殆盡了。老坑礦料一般都質地緊密，而新坑礦料可能在生成時沒有那麼高的溫度和壓力，故新坑翡翠質地粗鬆，有的就像冬瓜瓢，有的還像是糠蘿蔔，底色多以乳白、灰白、淺綠為主，礦石看起來似乎是粗鹽粒壓在了一起，底色中經常散佈著綠色、暗綠色、墨綠色。顏色在礦石中的造型一般呈現出雲朵狀、浸染狀、脈狀、團塊狀，分散凌亂好似飄花，的確難登大雅之堂。但棄之也的確可惜，故應運而生出了一支將其優化改良的浩蕩產業大軍。

天龍生翡翠

天龍生翡翠是近年來緬甸發掘出的新的翡翠品種之一。1991 年緬甸村民在龍肯地表發現綠色土，1993 年緬甸政府放開翡翠

市場政策，1994年在綠色土下發現礦體原生岩，先後彩洞二十餘個。

緬甸霧露河流域的兩岸古河床及河床階地，沉積著黏土、砂礫層，厚度一般達25～30公尺，最深探井達125公尺，是次生翡翠礫石的主要產出層位，分佈在馬灑、會卡、帕敢一帶。這些翡翠礫石在氧化環境下，不同的質地形成不同的風化殼（皮殼），殼層礦物產生次生變化，浸染了不同色澤。

緬甸翡翠資源雖經過600年的不斷採掘，目前卻還十分豐富，並非人們所猜測的那樣快要枯竭了。

據專家胡家燕研究並介紹，龍肯礦場區是最有希望找到新礦的地區之一，許多新的礦脈在這裡被發現，天龍生翡翠就形成於此區。

天龍生礦體呈帶狀似龍盤繞，當地人說是「天龍降生」。1999年天龍生翡翠料出現在緬甸仰光、中國香港等市場上，由於採掘量巨大，天龍生翡翠於2000年基本採盡，礦料被一些老闆屯集，市場上礦料仍在不斷交易中。

天龍生翡翠因為綠色鮮翠，可製作成滿綠飾品而受到青睞，但由於總體透明度較差，因而又受到局限。

天龍生翡翠的礦物成分主要是含鉻硬玉，還有硬玉、角閃石、磷灰石、褐鐵礦，顏色翠綠，特別鮮豔、勻和。

含鉻硬玉結晶呈半自形晶柱狀、纖維狀晶體，晶粒大小呈肉眼無法辨認的顯微粒狀，尚可見微細粒狀，十分清晰的中—粗粒狀，含鉻硬玉粗粒狀晶體多色性十分顯著。

翠綠色含鉻硬玉集合成條帶狀平行展布，屬含鉻硬玉岩，有的呈似脈狀分佈於灰白色、淺灰黃色的含鉻硬玉岩中。據有關資料報導，含鉻硬玉含 Cr_2O_3 2%～5%，顏色翠綠鮮豔；含 Cr_2O_3 > 5%並含 Fe，顏色翠綠發暗；含 Cr_2O_3 < 2%，顏色翠綠發淡。

天龍生翡翠料有8個等級。

1級：顏色全翠綠，透明度高，呈顯微粒狀集合體，飾品細膩，水頭三分，無白花、裂紋，屬玻璃種。

2級：顏色全翠綠，與一級相似，呈微粒狀集合體，透明度稍低，水頭二分，無白花，裂紋少。

3～4級：顏色全翠綠，半透明狀，晶粒細－中粒狀，水頭一分，有白花、裂紋。

5～7級：顏色全翠綠，微透明—不透明，晶粒中—粗粒狀，水頭半分–無，有白花，屬乾青種。

8級：顏色翠綠不勻，晶粒粗，不透明，有白花，裂紋多，屬乾青種。

在工藝上，為保證飾品有一定的水頭，天龍生翡翠飾品厚度選擇適中（2～3毫米），多製作一些薄型如葉片、飛翅類昆蟲、蝴蝶等飾品；有的還以鉑金、白K金鑲嵌天龍生翡翠，如玉扣、薄玉佛、薄觀音、

茶壺。

福祿壽。

薄型滴墜等。

在中國已有大量天龍生翡翠飾品銷售，市場上出現批量的珠鏈、玉扣、蝴蝶的天龍生翡翠飾品等。

翡翠成因的相關名詞

1. 翡翠的霧

翡翠的霧是指翡翠的皮（已風化或氧化）與翡翠內部（無風化或氧化）或稱肉之間的一種半氧化微風化的硬玉。實質上它也是翡翠的一部分，是從風化殼到未風化的肉（翡翠）的一個過渡帶。

霧的顏色和存在能說明翡翠內部雜質的多少，種的新老，說明透明度的好壞及其內部的乾淨程度等。但它不能說明其內是否有綠，與綠無關。

霧分白、黃、紅、灰、黑等。如把外皮磨去，露出淡淺的白色，稱白霧，說明其內雜質少，地乾淨，有一定的透度；若白霧之下有綠，就是非常純淨的翠綠，與地互相搭配，價值連城。

白霧也說明種老，一般人都喜歡賭白霧。

黃霧顯示其內的鐵元素和其他元素正在漸漸氧化，但還沒有嚴重氧化。若為純淨的淡黃色的霧，顯示雜質元素少，常出現高翠，但有時因鐵離子產生的藍綠色調可能進入翡翠的晶格，也出現微偏藍綠色調的綠。

紅霧說明其內所含鐵元素已嚴重氧化，可能翡翠內部出現灰地。

黑霧主要為大量雜質元素氧化所致，顯示翡翠內部雜質多，透明度差。個別黑霧也會出現高翠，但有時水頭很差。

並非所有翡翠均產生霧，有些玉石場所產翡翠並無霧。一般來講，能產生霧的翡翠原料多產在老廠及新、老廠的礦山上。

2. 翡翠的癬

癬是指翡翠表皮或內部見有黑色、灰黑色的斑塊、條帶等。癬的形狀大小各異，這些黑色癬的主要礦物質由角閃石、藍閃石片岩、鉻鐵礦及一些氧化物組成。因為這些黑色礦物質與致色的鉻離子有親緣關係，以及黑色礦物質——癬內的鉻鐵礦源源不斷地釋放出致色鉻離子，在適當的條件下使翡翠致綠，故癬與綠關係密切。民間稱「黑隨綠走」「癬吃綠」等。但有癬不一定有綠，有綠不一定有癬，要看癬的生成環境與時間、癬內是否有鉻元素的存在等因素。故民間又有「死癬」與「活癬」之說。

在生成翡翠的過程中及以後的多次地質運動、熱液活動中，

把外皮磨去，露出淡淺的白色稱白霧，說明其內雜質少，「地」乾淨，有一定的透度。

有鉻元素釋放的地質環境，可使翡翠致綠。這時不一定有癬，癬與綠關係不大。

若癬與翡翠共生，有利於鉻元素釋放的地質條件、熱液活動，癬內的鉻不斷釋放致色，當地質環境改變時不利於鉻元素釋放致色時，終止致色，就會產生黑隨綠走的現象，稱「活癬」。

生成翡翠以後產生的癬，如沒有鉻元素釋放的地質條件，稱「死癬」。

根據翡翠原料上的綠與癬，小構造與瘤，翡翠礦物與癬的穿插關係，可準確判斷活癬與死癬。

癬與綠之間的關係可分為三種：癬與綠相互包容不易分離；癬與綠逐步過渡或界域分明；綠與癬相隔一段距離，各自單獨存在。

有時癬旁有「松花」，這說明其內有綠，但其內綠的數量、形狀是無法判斷的。

3. 翡翠的蟒

在翡翠原料的表皮上，若出現與表皮一樣或深或淺顏色的風化、半風化沙粒呈帶狀、環狀、塊狀等有規律、有方向性的排列現象，說明原石局部受方向性的動力變質與熱液蝕變作用的共同強烈影響，其內部有可能使鉻元素釋放而致綠。

有臍帶的地方不一定有綠，一定要有「松花」出現，才能說明其內可能有綠。

有鱗說明種老。蟒帶一般平行於綠的走向，綠的走向（脈）或稱綠的形狀，大多為原生裂隙充填了鉻離子而致色。

4. 翡翠的松花

翡翠表皮隱約可見一些像乾了的苔蘚一樣的色塊、斑塊、條帶狀物，稱為「松花」。是指原來翡翠原料上的綠，經風化失色後留下的痕跡。

根據松花顏色的深淺、形狀、走向、多寡、疏密程度，可推斷其內綠色的深淺、走向、大小、形狀等。觀察時要加水於原料上仔細研究。

5. 翡翠的綹

也稱裂綹，裂開的稱裂，複合或充填了物質的稱綹。裂綹分為原生裂綹，即與原石同時生成的；後期裂綹，即成岩後生成的。原生裂綹有些已被後期熱液活動修復，有些裡面充填了後期礦物。後期裂綹大多肉眼明顯可見，對翡翠原石整體性破壞很大。

癬是指翡翠表皮或內部見有黑色或灰黑色的斑塊、條帶等。

龍壺龍杯。

裂綹可分大裂綹、小綹、井字綹、細綹等。有些裂綹會把綠色條帶切斷，錯位。有些綠色條帶本身就是裂綹，後被綠色充填了的。在原石上的那些低凹部分，就是裂綹存在的部位。

6. 翡翠的白棉

白棉是指翡翠內部見有斑塊狀、條帶狀、絲狀、波紋狀的半透明、微透明的白色礦物。白色礦物主要由鈉長石、霞石、方沸石及一些氣液態包體組成，是翡翠內的雜質，嚴重影響翡翠的品質與美觀。它的存在將大大影響翡翠的價值。

還有綠與綠之間的白棉，也可能是硬玉本身，這是由綠色分佈不均勻造成的。

7. 翡翠的皮

絕大多數翡翠原料均有皮，特級翡翠也有皮。翡翠的皮是翡翠原料在搬運過程中的風化作用形成的。皮的顏色有黑、灰、黃、褐、淺黃、白等，皮的顏色的形成是兩種地質作用的綜合，即由翡翠外部氧化作用，使鐵的氫氧化物滲透到翡翠皮面的細小裂隙中，再與表皮下正在氧化的雜質元素相互作用的結果。

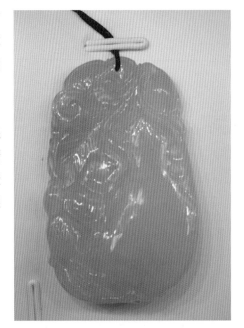

白棉是指翡翠內部見有斑塊狀、條帶狀、絲狀、波紋狀的半透明、微透明的白色礦物。

根據皮的顏色、緻密程度、光潤度、凸凹度大致可估計出翡翠原料內部的色彩、水頭好壞、地的好壞、種的老嫩及裂綹的多少。

如皮上表現緻密細潤，通常顯示其內部透明度好、雜質少；皮表面表現為不明顯之苔狀物，常反映其內可能有綠；皮表面凸凹不平、粗糙者，顯示其內裂綹多，質地疏鬆、水頭差。

再如翡翠皮上顏色變化大，且有黑癬之類的條帶斑塊者，就應注意有綠出現的可能。

黑皮烏砂含鐵等雜質很多，即使其內有綠，也絕大多數為偏藍的綠。黃白沙皮上水後有手感細沙脫落者，一般水頭足。

褐色皮又稱為黃鱔皮，一般種很老，若皮細嫩並見苔蘚狀及黑色條帶狀表示其內水好，可能有高翠。

8. 翡翠的翠性

翠性也稱「蒼蠅翅膀」，是翡翠的特有標誌，是指組成翡翠的礦物晶面及解理面在翠面的片狀閃光。當組成翡翠的礦物顆粒粗大時特別明顯，這就是翡翠的翠性。

若翡翠的礦物顆粒顯微粒狀時，少見翠性，這是因為雙晶面及解理太小所致。如玻璃地的翡翠，肉眼難見其翠性。

翡翠的皮是翡翠原料在搬運過程中受風化作用而形成的。

第四章

濃陽正俏話顏色

翠葉吹涼，玉容銷酒，更灑菰蒲雨。
嫣然搖動，冷香上詩句。

——宋·姜夔《代奴嬌》

漁翁。白色、淡褐、翠綠、黃綠諸色皆備。

　　翡翠的主要顏色為綠色和褐紅色，與古人之翡為紅、翠為綠的說法吻合。

　　翡翠的顏色是翡翠品質最重要的指標，它可在估價中占30%～70%的份額。從濃綠到白色，其間色彩變化萬千。

　　翡翠顏色的靈魂是綠色，有的像茸茸的春草，有的像柔嫩的蔥心；有的綠豔而鮮，均勻如染；有的綠色深豔，似祖母綠寶石，是製作名貴玉器、玉飾的上佳原材料。翡翠具有「濃、陽、正、俏、和」五大特點。這樣的翠，綠得理想，綠得上乘。

翡翠顏色的種類

　　常見的翡翠顏色有白、灰、粉、淡褐、綠、翠綠、黃綠、紫紅等，多數不透明，個別半透明，有玻璃光澤。在眾多的顏色中，翡翠以綠、紅、紫三色為主，它們都是翡翠中的高檔顏色，其中尤其以綠色最為豔麗與名貴。

為評估表徵這些顏色，我國的玉石藝人用了很多的表徵色彩的詞來形容，其名稱之多可達幾十種，不同地區叫法不一。

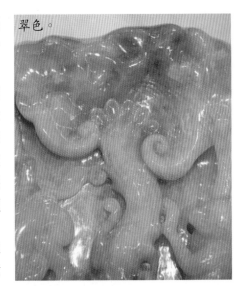
翠色。

以長江三角洲流域地區為例，對翡翠綠色的描述有濃冰綠、陽冰綠、黃楊綠、深綠、陽俏綠、金絲綠、梅花綠、假梅花綠、濃和綠、淡和綠、油青、青灰綠、淡水綠、濃沙綠、水沙綠、沙綠、拉絲綠、瓷綠、石沙綠、粉陽綠、粉鐘綠、雀石蘋果綠等。有些名稱不但描述了綠色深淺，還表明了顏色的分佈，如金絲綠、梅花綠、拉絲綠等。

但這些留存下來的稱謂並沒有嚴格的科學界限，同一地域不同地區對同一種綠的叫法也可能不同。還有的地方按顏色和質地分，有寶石綠、豔綠、黃陽綠、陽俏綠、玻璃綠、鸚哥綠、菠菜綠、淺水綠、淺陽綠、蛙綠、瓜皮綠、梅花綠、藍綠、灰綠、油綠，以及紫羅蘭和藕粉地綠等品種。

緬甸翡翠玉的顏色因地域習俗的不同，細分方法稍有區別，在玉石王國的緬甸，把翡翠分為三大類12個等級。

國內珠寶界則根據其翠色的不同，把它細分到30多種等級。總體而論，翡翠的顏色基調，大致可分為以下六種。

（1）白色。基本上不含其他雜質元素。

（2）紅色。含化學元素鐵，俗稱為翡。

（3）綠色。含2%以上的鉻，俗稱為翠。

（4）黑色。含2%以上的鉻及鐵。

（5）黃色。含元素鈤。

（6）紫色。含元素鉻、鐵、鈷。

如果細分與詳解，翡翠顏色可區別為如下品種。

豐收。白地上有三色者為「福祿壽」。

豔綠：綠色純、正、濃，但不帶黑色調。

藍綠：綠色中微帶藍色調，以寶石學觀點稱之為綠中微藍。正因其綠中微藍之色調使其看起來充滿冷靜與神秘感，給人較沉的感覺。

翠綠：綠色鮮活，若生於玻璃地中，如綠水般搖晃欲滴，顏色較豔綠淺，為標準綠色之代表。

陽綠：綠色鮮豔，微帶黃色調，也因其那份黃味，故綠色中帶有亮麗之生命感。

淡綠：綠色較淡，不夠鮮豔。

濁綠：顏色較淡綠色為深，但略帶混濁感。

暗綠：色彩雖濃但較暗，不鮮豔，但仍不失

綠色調。

黑綠：綠色濃至帶黑色調。

藍色：色彩偏微藍，微帶綠色調，寶石學稱之為藍中微綠。

灰色：顏色不藍、不綠、不黑，帶灰色調。

黃色：大多數的黃色來自內皮，黃色調搭配的質地常為冬瓜地以上之玉種。

紫色：與翡紅相對，生於霧者為翡紅；生於玉肉者多為椿（紫色），分為淡紫、紫色、豔紫、藍紫。

白色：此種顏色在硬玉中最常見，當它生於化地以上為無色，生於豆地以下則白色顯現。

翡紅：多出於內皮中，生於玉肉中者，多成絲狀分佈，亦有成片者，在裂縫中的紅色為鐵元素入侵結果。

黑色：無綠色調，呈墨黑色。

三彩：白地上有二色者叫「福祿」，有三色者叫「福祿壽」。

如何看色

翡翠常見的顏色有綠色、白色、紅色、紫色、黃色等，其中以帶綠色為最優的品種，如果一件翡翠中既有綠色，又有紅色和紫羅蘭色，那也是一件非常難得的翡翠。

通常，翠鑽珍寶的色彩具有一定的內涵和意義，這也正是它們各自的性格。例如，白色（鑽石、珍珠、水晶）表示純潔、神聖和高雅；藍色（海藍寶、松石、青金石）表示秀麗、寧靜和清新；黃色（托帕石、碧璽、黃晶）表示溫和、光明和快樂。而翡翠，翡為紅色，表示熱情、健壯和希望；翠為綠色，表示和平、青春和朝氣。

正是因為翡翠的色彩性格象徵著活力、富貴和益壽，集中了中華民族的性格特色，所以它尤其受到炎黃子孫的厚愛。

如何看色呢？看色首先要看色是否純，即到底是鉻的翠綠還是鐵等形成的灰藍綠。

不同的色調價值會相差很多，一般情況下兩種綠色是共存的，所以看顏色要區分不同的色調組合。

除了色調外，還要看色的濃度和分佈等。

看色是為了區分色的等級，等級不同，價值不一樣，故看色對於收藏投資翡翠十分重要。

學會看色，也是鑑定翡翠真偽的基礎。因為與翡翠顏色相同的寶石很多，如不會看色，就會把其他寶石當成翡翠，而其他寶石除了祖母綠等少數幾種優質寶石，大多比翡翠價值低。稍不留意，就會上當受騙。

與翡翠顏色相同的寶石主要有如下品種：

祖母綠（綠寶石）、翠榴石（鈣鐵石榴子石）、綠柱石（海藍寶石內的綠色品種）、坦桑石（黝簾石）、水鈣鋁榴石、葡萄石、符山石（加州石）、綠鉛石、綠水晶、綠色榍石、綠色電氣石、綠色橄欖石、天河石（長石類）、東陵石、澳洲玉（綠玉

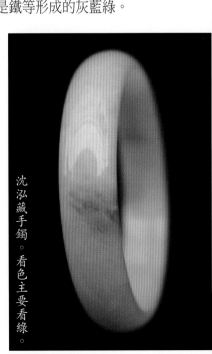

沈泓藏手鐲。看色主要看綠。

髓），還有一種含釩氮化合物的透明綠石榴子石等。

它們的綠色調是明顯不同的，有一定經驗的收藏者肉眼即可識別。另外，它們的相對密度、硬度、折射率、吸收光譜等光學性能差別很大，易於鑑別。

收藏翡翠，應瞭解與翡翠顏色相同的各種不同的寶石的特點，以免買到類似翡翠的贗品。

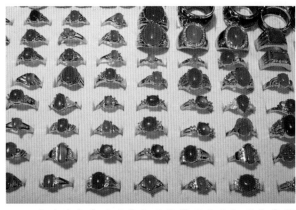

這些綠色戒面的戒指是翡翠嗎？它們是與翡翠顏色相同的寶玉，價格與翡翠相差 100 倍以上。

翡翠綠色的品級

翡翠之綠如雲似苔，彷彿行雲流水，碧綠清澄，生機盎然，寓意著中國人自古以來嚮往青山綠水，沉醉於大自然的靈性。綠色蘊涵著生命，綠色象徵著和平，綠色是大自然的本色，綠色最符合中國人的審美情趣，中國人歷來對綠色情有獨鍾。特別是緬甸玉中的綠色，色澤豔麗、耐人尋味，不分身份、地位、年齡、性別均可佩戴，因而十分符合中國人含蓄、平和、溫雅、親切的性格。社會需求量日益攀升，價格也成倍，甚至百倍地增長。

目前，國際市場上一只滿綠的翠色手鐲，價格已高達 5000 多萬台幣。即使是翠色稍次些的緬玉飾品，只要是 A 貨，水頭足、工藝精湛、色彩協調，也一定價格不菲。

翡翠的各種顏色中，綠色是翡翠中的「寶」。由於翡翠的綠色不同，為了區別這些綠翠，珠寶行業中給這些不同的翡翠綠色，冠之以最形象、最恰如其分的名稱，我們除了能從這些名稱中區別翡翠的品種外，更能看到翡翠內涵的文化性。

翡翠的綠淋漓盡致地體現出了翡翠的迷人魅力，是構成翡翠身價高低的非常重要的因素。

衡量翡翠的價值主要是看綠色的濃度和面積。綠色分如下品級：

祖母綠色（豔綠色）：為深濃的正綠，不帶任何黃色，透明度好，高雅而莊重。如祖母綠寶石的綠色，俗稱蠟蠟綠色。因其色似寶石，故又稱寶石綠。其中綠色純正鮮豔的稱豔綠色，綠色偏深的稱老豔綠色。祖母綠翡翠，行家又稱之為「寶石綠」，其地子為「湖綠地」或「玻璃地」，呈透明或半透明狀，綠色濃豔者價格非常昂貴。

玻璃綠：顏色豔綠，如玻璃般明淨通透，鮮豔而明亮，透明度好。

秧苗綠：綠色中略帶黃色，透明度好，色感活潑有朝氣，因其色如翠綠的秧苗，又稱蔥心綠或黃陽綠。

豔綠：多指不帶任何黃色和藍色的中度深淺的純正綠色，透明度高，美麗而大方，有的地方稱為翠綠。

花卉翡翠牌。

金絲綠翡翠：又叫「筋絲綠」，它為「豆青地」或「藕粉地」，綠色濃硬為筋絲狀，時下價格不斷上升。

蘋果綠色（鮮綠色）：綠中泛黃，黃色不明顯。蘋果綠翡翠多為「蝦肉地」，綠色鮮豔，可與金絲綠翡翠相媲美。

菠菜綠色：色暗綠，不鮮明。

油綠色：暗綠色略泛灰色，不透明。

灰綠色：灰色中泛綠色的感覺。

翡翠綠色中的上品為前面四種，這四種顏色最為名貴，金絲綠、蘋果綠也是名貴品種。中品的有陽俏綠、鸚哥綠、菠菜綠、淺水綠、淺陽綠、豆青綠、絲瓜綠，至於蛤蟆綠、瓜皮綠、梅花綠、灰綠、藍綠、油綠、木綠則等而下之。

綠色的五種形狀

在翡翠形成的過程中，四周環境裡有適當數量的鉻離子去交替了鋁離子，從而使它帶有了綠色。這種替換的比例變化，就奇妙地生成了不同的翡翠綠色。由於各種礦物含量和分佈不同，所以綠色多呈條帶或斑塊分佈在淺色地子上。如帶狀的帶子綠，大小不等、互不相連的呈塊狀的團塊綠，絲絮狀的絲絮綠，另外還有絲塊綠、均勻綠、靠皮綠等，這就使得翡翠綠色更加變幻莫測。

按綠色形狀可分為：

（1）帶子綠：綠色呈條帶狀，幾條綠帶大致沿一個方向平行或斷續排列。綠色和底色沒有明顯的分界線，綠色由淺至深逐漸變化。

（2）團塊綠：綠色呈塊狀分佈者稱疙瘩綠；綠色呈星點分佈稱點子綠。

（3）絲絮綠：如絲狀或絲片狀的綠色沿一致方向延伸。

（4）均勻綠：綠色淺淡，分佈均勻，多屬底色。

（5）靠皮綠：綠色密集在翡翠籽料的外皮部位。

專家常常根據綠色的大致排聚方向，即綠色的走向，尋找綠色變化的規律，從而正確判斷綠色的深淺與厚薄的程度。

翡翠綠色的評價標準

翡翠的顏色眾多，千變萬化，豐富多彩，是世界上顏色最為豐富的一種玉石。翡翠的

連年有魚。菠菜綠色。

福祿局部。蔥心綠色。

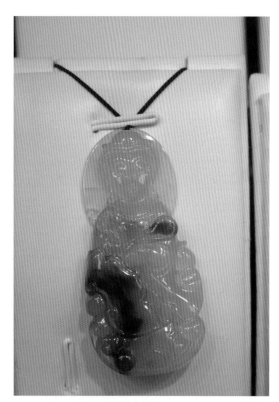

觀音。團塊綠。

觀音。均勻綠。

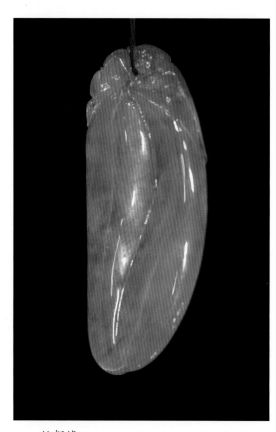

絲絮綠。

色彩是評價翡翠優劣和價值的極為重要的一個因素。

一般以綠色,行家稱「翠」者為上品;其次是紅色和淺紫色,行家稱「春」,一般叫做紅翡或紫羅蘭。

綠色的翠,可以說是翡翠中的「寶」,對翡翠的評價實際上是對翠的評價。

因此,「綠翠」一詞幾乎成了翡翠的同義詞。翡翠綠色的深淺、濃豔、透明度高低、有無瑕疵,常常是判斷一件翡翠優劣的最直接的因素。

翡翠的顏色中綠色是最具有商業價值的顏色。民間有「36水,72豆,108藍」之說;業內則依據「濃、陽、俏、正、和」「淡、陰、老、邪、花」的十字口訣來評價翡翠的綠色。

「濃」,是指綠色飽滿,濃而不帶黑,濃而不淡,像雨後的冬青樹葉或芭蕉葉那樣濃的碧綠色;綠色淺,色力弱,則為

「淡」。

「陽」，陽就是陽而不陰，鮮豔、明亮、大方，看上去使人眼睛一亮，綠色昏暗不明亮，沒有光彩則為「陰」。

「俏」，是指綠色均勻柔和，顯得晶瑩美麗而且可愛，清滑晶瑩，俏而不老，能與「地」、「水」相互協調。若綠色呈現點狀、峰狀、塊狀等不均勻分佈，則謂之「花」。

「正」，就是顏色純正，無任何雜色混在其中；如帶有雜色，就顯得「邪」了。

「和」就是綠得均勻，無深淺之分。如果綠色分佈深淺不一，或者呈絲條狀者，就被稱為「花」了。

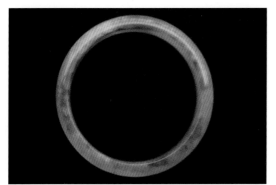

紅翡也叫「春」。沈泓藏。

「陽」。

「濃」。

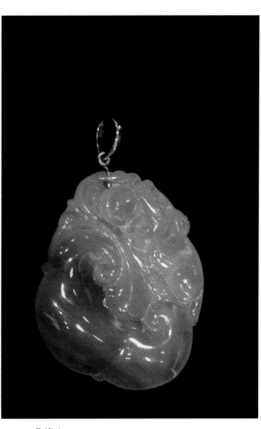

「俏」。

翡翠的翠性由晶粒的粗細決定。肉眼和鏡下難以看到其顆粒，俗稱「肉細」「種老」，是高檔貨品。顆粒較大，俗稱「肉粗」「種嫩」，此種飾品價值較低。

在鑑賞和選擇翡翠時首先是看色，行家對色主要以濃、陽（光澤）、俏、正、和（均勻）五種因素來綜合考慮。

但是顏色還不是唯一的評價標誌，因為不同地區、不同的人審美標準不一樣。比如深圳的年輕女士往往偏愛淡一點的綠，以顯得活潑美麗；而中年以上和文靜的女士則可能喜歡深沉一點的綠，這樣比較莊重大方。

對於色來講，翡以鮮紅（通常帶點橙色）和橙色為好，若帶棕色或褐色（是含鐵的緣故）就差一些。紫羅蘭色以淺色為好，因為若是較深的紫色者，其透明度必定不好。

影響到翡翠色彩好壞的還有「綹」。綹是民間俗稱，實際上它是翡翠上的各種裂痕，有大有小，有細有粗。大的綹有惡綹、大綹、通天綹等，小的綹有小碎綹、層綹立綹等，特殊的綹有隨綠綹等。有「綹」和雜質的翡翠，其顏色評價標準較低。

為何中國人對翡翠的綠色評價最高呢？這是因為綠色翡翠與中國人的黃皮膚搭配極為和諧，有著極好的裝飾效果，適合各年齡段的人佩戴。當年96歲的宋美齡女士應邀出席美國國會紀念第二次世界大戰50周年酒會時，手上戴一對滿綠翡翠手鐲，一只翡翠馬鞍戒指；胸前佩一只翡翠別針，耳上是一副翡翠耳環，完美地表現了東方女性典雅、溫潤、恬靜、高貴的氣質，格外引人注目。

而一些年輕女子佩戴翡翠飾品，則更顯出青春的活力。翡翠處處洋溢著永恒的綠意，蘊涵著中國人永遠的綠色情結。

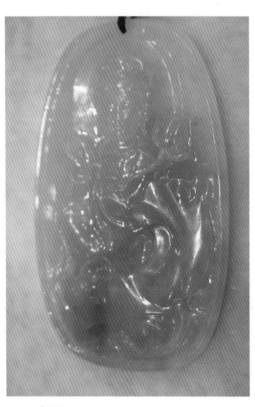

「正」。

「和」。

第五章

冰清玉潔看水頭

綠竹半含籜，新梢才出牆。
雨洗娟娟淨，風吹細細香。

——唐‧杜甫《詠竹松漪》

　　翡翠的種是綠色與透明度的總稱，是評價翡翠優劣的重要標誌，故有「外行看色，內行看種」之說。一般翡翠分為老種、老新種、新種三類。其中老種是指結構緻密、綠色純正、透明度好的一類翡翠，新老種次之，新種更次之。

　　翡翠的地是翡翠中除去綠色以外的部分，民間稱為「底」「底子」或「地張」。它反映了翡翠的乾淨程度和透明度。顏色分為白色、油青、紫色、淡綠和花綠等。

　　翡翠的透明度俗稱「水頭」，透明度高的翡翠顯得晶瑩透亮，行話說「水分足」，它可以使翡翠顏色生動鮮活，具有動感。如果光線不能透過翡翠的表面，則使翡翠的顏色呆板無華，行話稱為「水不足」或「乾」。因此，透明度也是標準之一。在同樣顏色下，透明度愈高，價值也愈高。

　　寶玉石行業中一般是對翡翠的色、種、水、底四方面來進行評價。主要的評價應該看種和水，種質細膩而透明度良好才能顯出玉的溫潤、晶瑩。

老坑冰種。

翡翠的種分

　　「種分」是綠色翡翠透明程度、質地的一種特定稱謂，如玻璃種、冰種、油青種等。

　　據專家胡家燕描述，「種」是對綠色的翡翠飾品透明程度的稱謂，有的還包含著形貌的特徵，按透明程度可分為「老種」（透明）、「老新種」（半透明）、「新種」（不透明）。

根據水頭的差異，將那些水頭足，透明或半透明的翡翠，稱為老種。

有的人認為透的就是種好，其實並非如此。所謂種其實是用來定義翡翠顆粒大小以及翡翠結合緊密狀況的。顆粒小，結合緻密就是種老，種老是翡翠具有玉性的基礎。沒有這個基礎，即便有色，也不能稱為好的翡翠。像乾青等雖然有色，但玉性不足，非但不能算翡翠，連玉都不能算。

種老的翡翠由於顆粒細小、色彩亮潤，色與底融為一體，質地細膩緻密，硬度、密度和折射率均較高。因結合緻密，所以拋光性能好、光澤強，有的還會有像金屬光澤的剛性。同時拋光後表面的起伏（即微波紋）很小或幾乎不可見。

種老的一般會比較透，但這不是絕對的，也有種很老但並不透明的。那些不透明，發乾、發瓷、水頭少、光澤不亮，品質較差的，則稱為新種。

新種雖說也會有鮮嫩的顏色，但因水頭差而顯得色調呆板、質感較差。還有一種介於新、老種之間的便稱為新老種。

「種」最初是民間評價翡翠品質好壞的一種標準，後來專家學者也認可這種民間評價。種的稱謂很多，流行的、有代表性的種有十多種，如老坑種（玻璃種、冰種）、芙蓉種、無色種、乾青種、豆種、金絲種、白地青種、花青種、油青種、馬牙種等。

如何認識這些不同名稱的種的特點，對於收藏投資者十分重要，因為不同的種有不同的市場價格，現分述如下。

1. 老坑玻璃種

老坑玻璃種完全透明，有玻璃一樣的光澤，無雜質或其他包裹體；其結晶呈顯微粒狀，細微性均勻一致，晶粒肉眼不可見；結構細膩，韌性強，像玻璃一樣均勻，無裂絡棉紋，無石花；敲擊玉體音呈金屬脆聲。市面上很難見到完全透明的玻璃種翡翠。老坑玻璃種可以有色，也可以無色，其色正不邪，鮮豔奪目，令人賞心悅目。有的將玻璃種細分為玻璃種、準玻璃種。玻璃種水頭足（三分水分），很透明，質地極佳。準玻璃種水頭好（兩分水分），透明，質地很佳。

飾品可加工成素形（橢圓蛋面形、梨形、方形、心形、馬眼形、馬鞍形、懷古形）、佩（多展示玻璃種面而儘量減少雕工）、墜、鐲、圓珠等，屬高檔中的極品。

2. 老坑冰種

透明如冰，玻璃光澤，與玻璃種越接近越好。結晶呈微細粒狀，細微性均勻一致，晶粒肉眼能辨；質純無雜質，質地細潤，無裂絡棉紋或稀少；敲擊玉體音呈金屬脆聲；玉體形貌觀感似冰晶。有的將冰種細分為冰種、準冰種。冰種水頭足（一分半水分），很透明，質地極佳。準冰種水頭好（一分水分），半透明，質地很佳。

飾品可加工成素形（橢圓蛋面形、梨形、方形、心形、馬眼形、馬鞍形、懷古形）、佩（多展示面）、墜、鐲、圓珠等，屬高檔飾品。

老坑玻璃種。

3. 芙蓉種

顏色淺綠（各種淺綠色調）醒目，色正不邪，通體色澤一致，無淺褐黃色調滲入；硬玉結晶呈微細柱狀、纖維狀（變晶）集合體，晶粒肉眼能辨但不清晰；呈透明—半透明，質地細潤；玉體觀感不乾不濕；敲擊玉體音呈金屬脆聲。

飾品可加工成佩、墜、鐲、雕件，屬中高檔翡翠。

4. 無色種

系有種無色、色淺、色少，呈透明至半透明；硬玉結晶呈微細柱狀、纖維狀（變晶）集合體，晶粒肉眼能辨別但不清晰；質地細潤，通體無棉絡、石花或很少；敲擊玉體音呈金屬脆聲。

飾品可加工成佩、墜、鐲，屬中高檔飾品。

5. 金絲種

鮮豔的翠綠色，色成絲，絲細分為順絲（絲定向、平行）、亂絲（絲雜亂）、片絲（絲片平行）、黑絲（翠綠中有黑色紋伴生）。玉體呈透明或半透明，質地細潤，裂絡棉紋較少，硬玉結晶呈微細柱狀、纖維（變晶）集合體，肉眼尚能辨別晶體輪廓，敲擊玉體音呈金屬脆聲。

飾品多加工成佩、墜、鐲，色好水頭好的屬中高檔品種。色淺、帶黑紋的屬低檔品種。

6. 乾青種

顏色濃綠悅目，色純正不邪；硬玉結晶呈微細柱狀、纖維狀（變晶）集合體，晶粒肉眼能辨；透明度差，陽光照射不進，燈光約進表面1毫米；質地較粗，敲擊玉體音呈石聲。

飾品可加工成佩、墜、鐲、雕件，屬中低檔品種。

7. 花青種

底色為綠色、無色，綠色有淺綠、深

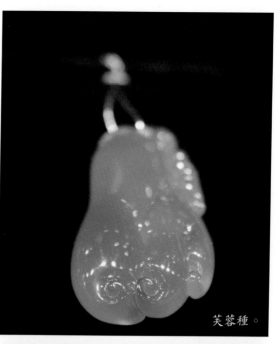

芙蓉種。

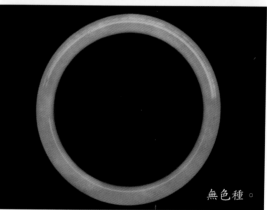

無色種。

乾青種。

綠，綠色形狀有絲、脈、雲朵、不規則狀；不透明—微透明；硬玉結晶呈細柱狀、纖維（變晶）集合體，肉眼能辨認晶體輪廓；敲擊玉體音呈石聲。有豆花青種（底為豆，花青種，綠色不規則狀或飄花）、馬牙花青種（馬牙種為地）。

飾品多加工成佩、墜、鐲、雕件，綠色豔麗微透明者屬中檔，其餘屬低中檔品種。

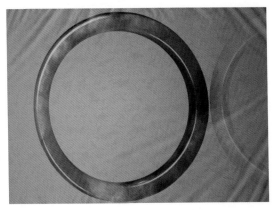

油青種。

8. 油青種

顏色青暗，亦有淺青、深青；玉體有油浸感，透明度高，質地細膩；硬玉結晶呈微細柱狀、纖維（變晶）集合體，肉眼有的尚能辨認晶體輪廓；敲擊玉體音呈金屬脆聲。

飾品多加工成佩、墜、鐲、雕件，屬中檔飾品。

9. 豆種

顏色多呈綠、青；硬玉結晶呈細—粗柱狀（變晶）集合體，肉眼能辨柱狀晶體；不透明，質地粗；敲擊玉體音呈石聲。綠者為豆綠，青者為豆青。

飾品可加工成佩、鐲、雕件，屬低中檔飾品。

10. 白地青種

白色為底，綠色似「雲朵」飄浮，「雲朵」成團、成塊、成片、成島嶼狀；質地細潤，玉體呈不透明，部分微透明；硬玉結晶呈微細柱狀、纖維（變晶）集合體，肉眼尚能辨認晶體輪廓；敲擊玉體音呈石聲或金屬脆聲。

飾品多加工成佩、墜、鐲、雕件，部分透明度高者屬高檔，大多屬中低檔飾品。

11. 馬牙種

色白或灰白為底，色調簡單，可混有淺綠、褐色，不透明；玉體形貌觀感似瓷狀；硬玉結晶呈細柱狀（變晶）集合體，肉眼能辨認晶體輪廓；敲擊玉體音呈石聲。

翡翠飾品多加工成鐲、雕件等，屬低檔飾品。

種在標準上並沒有一個明確的定義，所以並不能把它作為分級標準。但翡翠的結晶體顆粒大小和這些顆粒的交結關係是決

白地青種。

馬牙種。

定翡翠商業品種的主要原因，行業
內由此制定出以下分級標準：

　　1級：結構細膩緻密，10倍放
大鏡下不見礦物顆粒及複合的原生
裂隙，粒徑小於0.1毫米。

　　2級：結構緻密，10倍放大鏡
下見礦物顆粒及極少的細小複合原
生裂隙，粒徑在0.1～1毫米。

　　3級：結構不夠緻密，10倍放
大鏡下見礦物顆粒及局部的細小複
合原生裂隙，粒徑在1～3毫米。

荷花。

　　4級：結構疏鬆，粒徑大小懸殊，粒徑在3毫米以上。

五鼠登科。

翡翠的地子指什麼

　　影響翡翠品質和色彩的因素，還有地子。地子又可稱地障與底障。在講到翡翠種質
時，往往要提到翡翠地子的種類。

　　關於翡翠的地子到底是什麼，有多種表述。據筆者綜合統計，主要有如下幾種。

　　一是指底色。此說認為翡翠除去綠色部分的基礎部分，都稱為地子，也就是底色的意
思。

　　二是指結構。翡翠的地指結構和透明度，多指翡翠質地的乾燥程度，也可以講地子是

沒有綠色的翠，而翠又是有色的地子。地子的顏色沒有一定的形狀特點，常表現為深淺不同的無色，白、灰、藕色以及淺綠色等。

三是指絮狀物。地指的是翡翠絮狀物、黑斑、其他色斑的多少程度。由於翡翠是多種礦物的集合體，其結構多為纖維狀結構和粒狀結構，雜質的多少也必然影響翡翠的價值高低。

四是指顏色、水頭和純淨度的綜合體。該說認為翡翠地子的質地是由其結構的精細程度、水頭以及雜質與裂綹多少而決定的。根據它的顏色、水頭和淨度來形容地子的名稱多達數十種。

以上四說都有一定理由，是從不同角度描述了對地的認識。其中第四說在翡翠收藏投資中最有實戰價值。

翡翠地子的類別

根據翡翠的顏色、水頭和純淨度等多方面綜合判斷，翡翠地子的常見品種如下。

1. 玻璃地

質地明亮、清澈、細膩，完全透明，玻璃光澤，斑晶細小，結構細膩，水頭足，綠色均勻，如玻璃一樣呈半透明狀。最重要的是具有類似寶石單一結晶體的感覺，極少有石紋，若有可見之雜質則多為形似凍石花、甘蔗渣或片狀的黑煙。此種質地鑲起後常可見內部的反射光芒，有時會有「貓眼」現象。這種質地是所有種質中的最高等級，可謂千萬年難得一遇。

翡翠的透明度與寶石不同，好的玻璃地鐲子看上去透明如水晶，無雜質，極品為冰地。這種極品玻璃地翡翠往往會被人認為是水晶。如一位鑑賞家收藏的一款玻璃地翡翠，很多自認為是專家的人都認定是水晶。

2. 蛋清地

透明度稍差，晶體顏色偏白，猶如蛋清一般，水頭足，呈半透明狀，又稱為糯化地、有混濁感覺的玻璃地。質地如同雞蛋清，玻璃光澤，比較純正，無雜質。

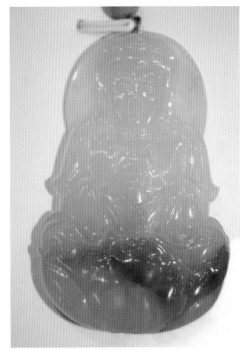

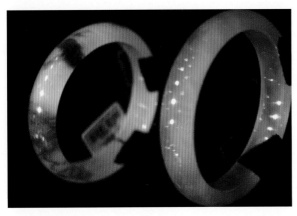

玻璃地。　　　　　　　　　　　　　　　　蛋清地。

3. 冰地

顧名思義，其結晶如冰塊或冰糖，純淨度頗高，猶如冰般晶瑩，故稱冰地。質地亦頗細緻，透明但泛青綠色，是帶青綠色的水地品種，因有顏色干擾，不如水地品種。但其感覺不如玻璃地來的凍、硬，這種質地鑲起後水頭相當好。因地子無色或顏色均勻，水頭充足，也稱為清水地。

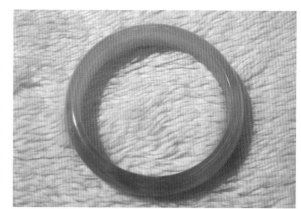

冰地。

4. 鼻涕地

半透明，但比較純正，少量雜質。質地如清鼻涕，玻璃光澤，類似蛋清地。但透明度比蛋清地差些，品質也不如其乾淨。

5. 油地

半透明至透明，種質冰、硬，感覺有油脂光澤浮於表面。往往是顏色帶灰藍的綠色，質地雖細，但顏色發悶，也是較差的地子。

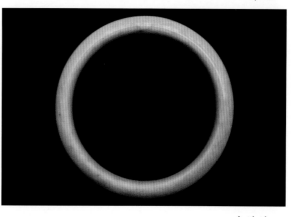

灰沙地。

6. 灰水地

質地半透明，但泛灰色。因有灰色，品質又比清水地差。

7. 紫水地

質地半透明，但泛紫色調。與紫羅蘭不同的是強調透明，實際上是半透明的紫羅蘭。

8. 渾水地

質地半透明，像渾水。是透明度差的水地。

9. 細白地

半透明，細膩色白。一般玉石結晶多呈白色與無色，白色又為最常見的色彩，新廠玉多隻到此級。此質地已無通透之意境可言，與常稱之瓷地接近。如果光澤好，也是好的玉雕原料。

10. 白沙地

半透明，有沙性，白色。不細膩的細白地。

11. 灰沙地

半透明或不透明，有沙性，灰色。不細膩的灰色白沙地，質地多纖維，色暗如香灰般。

12. 豆青地

半透明或不透明，豆青色地子，實際上是豆青色地半透明品種，一種淡黃綠色的地子。一般晶體顆粒較粗，質地也較粗。

紫花地。

13. 紫花地

半透明，有不均勻的紫花。為顏色不均勻的紫羅蘭。

14. 青花地

半透明至不透明，有青色石花。質地不均勻，只適合做玉雕。

15. 白花地

半透明至不透明，質糙，有石花。

16. 瓷地

半透明至不透明，白色，如瓷器一般，質地較差。

17. 乾白地

不透明，白色。

18. 糙白地

不透明，粗糙，白色。

19. 糙灰地

不透明，粗糙，灰色。

20. 狗屎地

褐色，黑褐色。

21. 乾地

質地粗糙，不透明，光澤暗淡。

22. 水地

透明如水，玻璃光澤。與玻璃地相似，有少量的雜質。

23. 油青地

質地細膩，綠色較淡，分油青色、豆青色、灰青色、藍青色，透明度極低。

24. 化地

其質地如果凍之半透明狀，但可見細微小石花、棉絮等。

瓷地。

烏地。

25. 冬瓜地

質地接近半透明狀，感覺如煮熟後的冬瓜。

26. 糯米地

質地要透不透，具有如熟糯米之細膩感，一般所稱之芙蓉地與此質地接近。

27. 翻生地

質地類似糯米地，但玉肉中部分結晶如不熟的生米出現飯渣一般。

28. 豆地

如豆般不太通透，透度只入表面兩分，常多可見棉柳、蒼蠅翅、稀飯渣等，此種質地在強光下照射一段時日後易起小白花。

29. 芋頭地

白中略帶灰，色如芋頭般。

30. 烏地

質地呈黑褐色，不透明。

31. 藕粉地

半透明，像熟藕粉一樣顏色的地子，常常會帶有一些粉紅色或紫色。

從上述類別可以看出，地和種有相同之處，是一個品種的兩個方面，有的地就是種換了一個名詞的描述，但地的種類比種多很多。

聚寶盆。

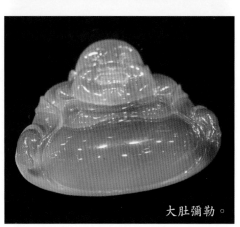

大肚彌勒。

地子的級別和照映

地子是決定翡翠優劣的重要依據，它是挑選與鑑別翡翠的第一個直觀感覺，凡收藏者都應該將其來龍去脈弄清楚。

地子的級別劃分標準如下：

1級：10倍放大鏡下不見任何裂綹、灰黑絲，在不顯眼處偶有個別白棉、小黑點。

2級：10倍放大鏡下不見裂綹，見少量細小白棉、黑點、灰黑絲。

3級：肉眼不見裂綹，10倍放大鏡下見少量裂綹，肉眼可見少量白棉、黑點及少量冰碴物。

4級：肉眼見少量裂綹及較多白棉、黑點、灰絲及冰碴物。

翡翠的地子和種並非是單純存在的，它是與翡翠的色彩一起呈現的。在翡翠的地子與翠色之間，還有一種相互印染層，被稱為照映。

照映對翡翠的色澤起著很大的關聯作用。好的照映，就會將翠色襯托得晶瑩柔和，地子也會被映得潤滑融和；反之，則使翠色與地子顯得強硬，有種截然隔離的呆板感。所以照映的好與否，直接影響到翡翠的色彩的柔和。因為照映的重要性，有人就將它比喻為翡翠的靈氣，這是不無道理的。

翡翠的水頭

翡翠的透明度是鑑定寶石與玉石的主要技術依據。在珠寶行業中，又俗稱水頭或水。但水也不完全是透明度。看到一塊很透明的玻璃窗你會說很水嗎？空氣也很透，但你會說水嗎？然而你看到荷葉上的水珠你一定會說水靈的。所以水是指翡翠表面的反光和翡翠內部折射的光的總和，這些光進入我們的眼睛，我們才會感覺到水頭。

翡翠的水是指水頭、水分，水頭足，透明度就高，顯得晶瑩，像老坑玻璃種，亮麗深透，可以見底，有如透過一公分厚的玻璃，也可以看清楚壓著的圖紋或文字，這就是水分足、色勻質好之故。水頭短就是不透明，像一些新坑或柔佛巴魯籽粒便是典型的例子。

螢光是翡翠水頭很好的一種特徵。翡翠的水頭

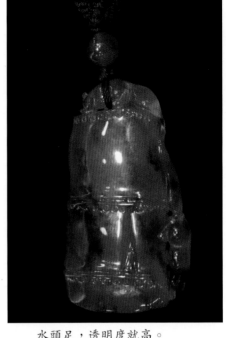

水頭足，透明度就高。

除了與種、透明度有關外，還與翡翠的加工形狀有關。水頭是翡翠美觀的基礎，沒有水的色是死色，有了水的色才靈動。

翡翠水頭分級，也就是指翡翠潤澤的程度，在一定程度上就是翡翠的透明度。翡翠的水與翡翠的結構構造有關，也就是說與種有關。還與雜質的含量有關，那些種老，雜質少，細微性大小均勻，純淨度高的翡翠水就好。

水是翡翠評價的重要因素，關於水的分級標準有多種說法，其中十分水是一種分級標準，五級透明度，也是一種標準。玉石業內對水頭或透明度的分級歷來標準不一，據筆者統計，至少有如下幾種。

一是按透明度分級。此標準根據翡翠的透明程度，大致分為透明、較透明、半透明、微透明、不透明。翡翠越透明，其級別越高，價值也越高。

二是六分法。初級收藏者購買翡翠時，常聽一些前輩說「一分水」……「五分水」「六分水」。這究竟指的是什麼呢？這就是六分法，指翡翠的透明程度，是以光線在翡翠中所能夠穿透的能力與深度區分的。通常測試翡翠水頭的方法是，如光線能穿越玉料中達到1公分，也就是1公分的厚度或深度，為一分水；六分水，是指光線能穿透翡翠大約6公分。其他以此類推。

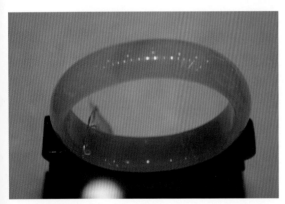

純淨度高的翡翠水就好。

透明度越高越好，但同時也必須重視其色的多少、濃淡、鮮暗的程度等。

三是十分法。此標準也認為翡翠透明程度稱為「水頭」，但與六分法不同的是，它的一分水指3毫米厚度或深度；二分水指6毫米厚度，呈半透明狀；依此類推，直到十分水為30毫米厚度。一般達到二分水的翠料就稱為水頭足的優質玻璃種底。

四是五級分級法。主要採用張蓓莉等（2000）的分級法。

1級：透明，陽光透進度10毫米以上，純淨無色、老種玻璃地，常為無色翡翠或冰花翡翠。

2級：較透明，陽光透進度6～10毫米，冰種及少量特級色料，少量老種玻璃地特級品。

3級：半透明，陽光透進度3～6毫米，老種玻璃地、冰種特級品，特級色料中常見。

4級：微透明，陽光透進度1～3毫米，色濃者、粒粗者、新老種，普通的花件料如豆青、花青。

5級：不透明，陽光透不進，色濃、底差、新種，大多數大型雕刻件的磚頭料。

透明度高者，常說成水頭足，水頭好，水頭長。如能達到二分水和2級的翡翠就可以認定為上等品質了。透明度越高越好，但同時也必須重視其色的多少、濃淡、鮮暗的程度。

水頭好的老翡翠極少

清代幾乎沒有水頭好的老翡翠，這是收藏者鑑定老翡翠的一個重要標準。因為翡翠的穩定性、韌性遠遠不如和田玉，所以，除非是極品玻璃種的，結構非常緻密的（這種翡翠穩定性很好），否則，微小裂隙在所難免。

這種情況下，清代人認為翡翠的「石性」過大，他們喜歡收藏翡翠是為了玩色，而不是玩水。因為好水的東西鳳毛麟角，故綠色符合華夏民族的傳統文化。

普通種水的翡翠的穩定性不如軟玉，類似陶瓷，很容易產生冰裂紋，故百年之後的翡翠，水頭就會有所變化，再加上灰塵等髒東西，比如人把玩時候弄上的體液，會導致翡翠變髒，水頭也有所降低。

種老緻密的翡翠相對來說沒那麼容易變化，這些翡翠已歷經自然篩選，穩定性較高。但種老緻密的翡翠相對來說價格比較昂貴。所以，能見到的高水翡翠，基本不會超過百年，這一點也說明翡翠的保養是很重要的。

普通的收藏者手上的翡翠要想歷久彌新的話，還是注意一下清潔為好，翡翠的保養是很重要的。保養首先應注意的是佩戴時皮膚要乾淨，儘量別弄髒或接觸汗液，因為人汗有酸性，長期來說對種水不夠好的翡翠還是有影響的。翡翠的變化是非常緩慢的，人的視覺很容易適應這種變化而難以察覺。

翡翠的水頭是會變的，新玉在佩戴早期，水頭可以長，顏色也可以長，時間很長以後是沒和田玉穩定的，倒如會變黃。有不少玩玉的收藏家喜歡祖宗留下來的變黃了的翡翠，覺得另有一種味道。

翡翠的水、地、種、色十分豐富，前人說有三十六水、七十二豆（綠）、一百零八藍，說明水、地、種、色的變化十分複雜，種類繁多，較難鑑別。

第六章

加工造型添神采

圓緊珊瑚節，鈬利翡翠翎。

——唐·皮日休《公齋四詠·新竹》

相對其他大部分的寶石材料，加工和造型在翡翠美麗和鑑賞價值的體現中扮演著重要的角色。

從最典型的例子來說，最高等級的皇冠綠一般用於加工成半圓形寶石、手鐲或佛珠等。

葡萄。

拋光對翡翠尤為重要。好的拋光結果是翡翠有好的光澤，這樣，光能在透明或者半透明的部分乾乾淨淨地通過。判斷拋光品質的方法是在翡翠的平面上核查光線的反射。

翡翠加工雕刻史話

從石頭成為精美的玉器，毛料開採是第一步，還要經過運輸、買賣成交，再進行解磨。解磨加工要比開採複雜得多，工序很細，構思設計和加工工藝水準的高低，決定著雕刻的價值。

雕刻加工有句行話：「多磨少解。」說的是毛料外邊有一層砂包著，只有經過打磨，使雕刻露出頭來，才可初步判斷其價值。如果裡面沒有玉，也就犯不著花很大的工夫去解剖了。

騰衝的雕刻設計加工水準很高，清嘉慶年間，騰越知州伊里布得到一塊翡翠，有綠有紅，有黃有白。他於是找到一位手藝高超的工匠進行加工。這位工匠在加工之前，白天不是上山打鳥，就是下河撈魚，他這樣做的目的是在大自然中尋找靈感。

之後，他根據玉料不同的色澤和位

漁舟。

騰衝不僅是翡翠的主要集散地,同時也是滇西南
的翡翠加工中心。

置,借紅斑雕成朱紅透亮的鳥嘴,翠色多處雕成翠綠欲滴的羽毛,黃色是腳爪,黃色下邊是白色,雕成爪下繫一根雪白的鏈條。經過三年時間,終於雕成一隻雄赳赳的鸚鵡,昂然屹立在綠色的架子上。這件翡翠製品構思獨特奇巧,工藝超群,成為聞名一時的佳作。

翡翠毛料從緬甸產地開採出來,運出的第一站便是騰衝,因而騰衝不僅是翡翠的主要集散地,同時也是滇西南的翡翠加工中心。

《華陽國志校注》中說:「賈人收石入關,狀如瓦礫,號曰荒石,騰越工人磨之以紫梗,砥之以寶砂,而寶光始出。」

工匠根據翡翠的形態和不同色澤進行切割,因材施藝,雕刻成不同的玉器飾件。19世紀30年代,英國人美特福遊騰衝時曾記敘了翡翠加工的情景:「某長街為玉石行所開,玉石晝夜琢磨不輟,余等深夜過之,猶聞蹈輪轉床聲達於百葉窗外。」可見琢磨工作之繁忙。

在歷史上,翡翠加工業是騰衝主要的手工業,該行業對騰衝這個邊陲縣城的繁榮曾起到了重大的作用。

《騰衝縣誌》載:「寶貨行者有十四家,解玉行有三十三家,玉肚眼匠二十七家,玉細花匠二十二家,玉片工匠三十一家,玉小貨匠三十七家。」那時,騰衝縣城有玉石工匠超過3000人,形成了幾條專業化的街道。

此外,「散居於城郊的綺羅、谷家寨、馬場等鄉,尚有三四十家,以車眼小匠為多」。可見騰衝玉業的興盛與繁榮。

從古代的卞和到東陵大盜,寶石不僅僅是一種財富與權力的象徵,同時也是災難與死亡的代名詞,是釀成眾多悲劇的導火索,種種的巧取豪奪使光彩奪目的珠寶散發出濃濃的血腥味。

如今,玉器珠寶不再是王公貴族的專利品,而成了平民大眾的裝飾物。隨著社會的進步,生活水準的提高,服飾的不斷

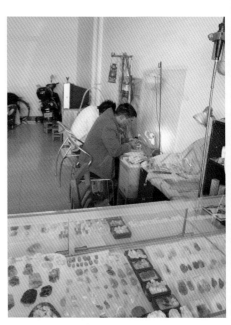

騰衝翡翠藝人正在加工雕刻翡翠。

翻新，人們已由佩戴金銀飾品發展到佩戴珠寶首飾，由購買低檔寶玉石發展到購買中高檔寶玉石。騰衝這一「翡翠城」經過抗日戰爭兵變之後的蕭條，如今再度走向復興。

與緬甸一江之隔的畹町、瑞麗的寶玉石貿易也迅速興起，分別建立了珠寶市場和珠寶城，使滇西南珠寶業重現了昔日的輝煌。

翡翠的主要造型

下面將介紹幾種高等級翡翠的流行造型。

1. 手鐲

手鐲是最為流行的款式之一，它常常象徵統一、和諧、典雅以及女性的溫柔。

直到今天，一直流傳著這樣的故事，手鐲能使其佩戴者免於傷害，手鐲能夠化解各種負面的影響，給其佩戴者帶來福氣。而這種類似傳說一般的故事卻使人深信不疑，謎一般的手鐲確實能給人帶來好運，驅除晦氣。例如，佩戴手鐲的人在偶發事故中可能發現心愛的手鐲損壞，然而自己卻未受傷害。

另一個有意思的傳說是手鐲裡的好顏色可以傳遍整個手鐲，但這要看佩戴人的福氣如何。

過去的手鐲一直是成對製成的，這來自「好事成雙」這樣的信念，而中國古代親人相

手鐲。

圓形和半圓形。

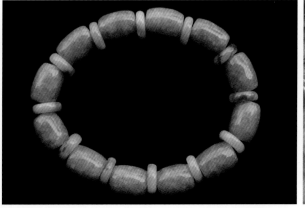

佛珠。

玉環。

認這類故事更增加了成對手鐲的傳奇色彩。

從4000年前至今，玉手鐲一直是中國文化中最重要的珠寶之一。

由於單件的手鐲需要量增大，以及翡翠資源的枯竭，高等級的單件手鐲在現代的翡翠市場中佔有極高的地位，而其價格往往不菲。多件的手鐲由於並非獨一無二，反而價格不如單件的手鐲。

翡翠中最重要的造型是手鐲，手鐲不僅最受人們喜歡，而且是最費料的一種造型。在騰衝翡翠城，一位翡翠老藝人說：「得到一塊翡翠，首先考慮的造型就是手鐲。因為手鐲最講究用料，最費料，市場價格也最高，如果這塊料不能做手鐲，才再考慮其他造型。」

2. 圓形和半圓形

高品質的翡翠通常被切割成圓形或半圓形。

圓形或半圓形寶石所使用的材料比雕刻使用材料的品質要高一些，當然也有例外。

圓形或半圓形寶石，有關評價的關鍵因素是圓頂、左右對稱性和半圓形寶石的厚度。半圓形寶石圓頂應該有光滑的曲線，不能太高或者太平，應該沒有不規則的點。最好的半圓形寶石沒有可用肉眼看見的顏色變化或起伏。

3. 佛珠

市場對統一規格的翡翠原珠的需求量要遠遠大於對分等級的珠的需求量。每顆佛珠在顏色和種上的匹配相當重要，規格越統一，價值越高。其他的因素包括佛珠的圓潤和左右對稱性，當然一個重要的因素是是否有裂紋。

4. 玉環

中間有洞的圓環在中華文化中象徵永恆，它一般作為佩件，或者像耳環那樣被佩戴。

按照理想標準，中心直徑應該為圓環直徑的1/5，並且應該準確地位於環的中心位置。小的圓環通常鑲以貴金屬，作為耳環或連環。

5. 馬鞍（翡翠戒指）

翡翠戒指就好像是半圓形寶石直接被切割。馬鞍（翡翠戒指）最漂亮的地方一般置於環的頂端，另一方面，色較差的部分相對隱藏起來。但是，一件上等的戒指應該各處均保持一樣的顏色。

然而近年流行的一種方法是所謂的戒面，戒面可以選取最高等級的小片翡翠，鑲在貴金屬的戒指上作為裝飾，對這樣的小片翡翠選取是相當嚴格的，特別注意的是其顏色一定要均勻，不能有雜色點，更不能有裂痕。

6. 連環

這種罕見的雙環相套需要高水準的生產工藝以及高品質的原石。這些完美相稱的小環相扣，周圍鑲嵌有玫瑰狀鑽石，其歷史可以上溯到清朝。

連環。

雕刻件。

7. 雕刻件

雕刻件工藝設計和實施加工的技能對於翡翠雕刻件的價值有著重要的影響。

8. 再加工件

和很多其他種類的寶石一樣，錯誤地切割或者損害之後的翡翠，價值會降低，一般只能根據它們的情況考慮再加工的潛力。例如，把破碎的翡翠手鐲切成幾個戒面或佛珠，或者是圓形寶石，可以挽回一定的損失。這樣，破碎的翡翠手鐲價值將是它再加工而成的翡翠小件的總值。

綺羅玉和段家玉的故事

中國西南邊陲的雲南省，有個與緬甸毗鄰的騰衝縣，縣城雖然不大，但這裡自古玉業興旺，千餘年來跟「玉石之王」翡翠結下了不解之緣，人們把它稱為「翡翠城」。就在這裡傳出了許多關於翡翠的趣聞。

玉石料產區地處緬西北，山大林密，礦藏分散。能否挖到玉石，特別是大塊好料，一靠經驗，二靠運氣，偶然性很大。

有的人做夢也想挖到好料發大財，卻偏偏弄得一無所獲，兩手空空；有的「無心插柳柳成蔭」，無意間得到珍寶，改變了一生的命運。由此，引出了許許多多令人咋舌驚歎、大悲大喜的故事。

保山縣施甸余某，14歲就被他爺爺帶到緬甸西北玉石場去挖玉石。18年來，老闆共分給他19塊玉

翡翠原石。沈泓藏。

石毛料做工錢。他決心結束這種非人的生活，便將毛料運到騰衝去解剖。誰知解開第一塊便讓人大失所望，石中根本沒見到玉；接著連解17塊，全都不值錢，他渾身一軟，癱倒在地。

解玉師傅見他可憐，買下他最後的一塊，給了他一些路費和零用錢。但最後一塊玉解開後，竟是上等翠玉，那個解玉師傅頓成巨富，而余某只好一步一歎地返回玉石場，重操舊業去了。

做玉石生意，興衰沉浮，大起大落。有時一夜暴富，轉眼傾家蕩產，極不穩定。玉石的毛料叫璞玉，一眼看去，都是些大小不一的石頭，仔細觀察，有的可找出一點露在外面的綠色。

有時看好一塊，花大價錢買了下來，剖開一看，僅在表面有點綠；有時花錢很少，買了一塊不起眼的，剖開一看，卻是上等好料。

翡翠原石。沈泓藏。

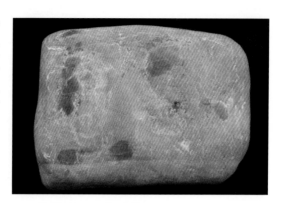

翡翠原石。沈泓藏。

騰衝流傳至今的「綺羅玉」「段家玉」的故事，就富有十足的傳奇色彩。

清嘉慶年間，綺羅鄉有位玉商叫尹文達，其祖上從玉石場駄回一塊毛料，通身深黑，其貌不揚，許多行家看後都認為是塊最差的料，祖上便將它當塊石頭鑲在馬廄裡，天長日久，這「石頭」被馬蹄蹬踏掉部分外皮。

一天，尹出行來牽馬時，恰好從瓦縫中射進的陽光照在石料上，反射出幾點美麗的綠光。於是，他便將石塊抱去解磨，才發現這是一塊上等的翡翠料。他用此料，製作了一只宮燈，於賽會之夜掛在水映寺中，整個寺院都被宮燈映綠了，觀者無不稱奇，轟動一時。

尹攜燈到昆明獻給雲南巡撫，巡撫給了他一個「土千總」的官職。後來他又把做燈剩下來的碎片加工成上百副耳片，這種耳片戴在耳上，能把耳根映綠，這就是被稱之為「綺羅玉」的翡翠。

民國年間，綺羅鄉段家巷有個玉商段盛才，從玉石場買回一塊150多公斤的大玉石毛料，其外表是白元砂，許多行家看後都直搖頭，沒有人肯出價。他泄了氣，便把這塊石料隨意丟在院子門口，來客在那兒拴馬，時間長了，被馬蹄蹬掉一塊皮，顯出晶瑩的小綠點，引起了段盛才的注意。

於是，他拿去解磨，竟是水色出眾的上等翠玉，做成手鐲，仔細看去，就像在清澈透明的水中，綠色的小草在隨波輕輕飄動，從此「段家玉」名揚中外。

手鐲。

第七章

翡翠的鑑賞

低回翠玉梢，散亂梔黃萼。

——唐・元稹《解秋詩之七》

羹茶下棋。

　　和其他雕刻工藝雕工越多鑑賞價值越高不同，有些翡翠是雕工少而鑑賞價值卻很高。

　　如一次拍賣會上高價拍出的翡翠四件套「春色無限風光好」，雕工極少，色調均勻，質地細膩，光滑無瑕，透明度相當之高，其中的項鍊由29顆同色翡翠珠串聯而成，顆顆飽滿碩大，珠圓玉潤，直徑均在1.2～1.3公分。

　　為何雕工極少的翡翠四件套反而能拍出高價呢？這是因為該翡翠毫無缺陷。一塊好的翡翠由於材料價格的昂貴，總是盡可能不雕或者少雕，只有為了躲開翡翠材料上的天然缺陷才不得不借助於雕工。因此，沒有雕刻的翡翠反而是價格最貴。

　　鑑賞翡翠從某種角度來說，就是鑑賞翡翠本身，這是翡翠鑑賞不同於其他工藝品鑑賞的特點。但翡翠鑑賞中，對造型和雕刻工藝的鑑賞，也不可忽視。

翡翠工藝的鑑賞

　　喜歡鑑賞翡翠的人是幸運的。在中國各地都有翡翠店，走進翡翠店鋪就可以鑑賞翡

翠。同時，如今一些大型商場和機構經常舉辦翡翠展銷會。豐富的翡翠文化和博大精深的翡翠工藝，給人們帶來一次次視覺上的盛宴。

俏色是我國古老的玉石工藝特殊處理手法，可以獲得出神入化的藝術效果。適於製俏色的原材料很難得，在製造過程中，往往始料不及地突然發現玉石中蘊含著有色斑點。一般來說，或者將其剜除仍按原設計琢磨下去，或者將其巧妙地加以利用，局部修改原方案，製成富有表現力的俏色作品。

翡翠的展示活動，也是給收藏者一次鑑賞的機會，對翡翠收藏投資無形中起到了推波助瀾的作用。

翡翠鑑賞要考慮翡翠的文化源流。全世界真正意義上的翡翠95%以上產於緬甸，特別是優質翡翠基本來自緬甸。翡翠結緣於中國始於明代，興盛於清代。「謙謙君子，

漁舟。

壽。

溫潤如玉」，翡翠正是以它優雅華貴、深沉穩重的品格，與中國傳統玉文化精神內涵相契合，征服了中國大眾的心靈，被推崇為「玉石之王」。

翡翠的鑑賞是一門藝術，鑑賞者不但要從文化的層面來認識翡翠、欣賞翡翠，而且要多瞭解一些物化的東西，如翡翠的料石、翡翠的顏色、關於翡翠的一些常用術語，如水、種、地子、照映等，全方位地來對翡翠進行把握。

人們收藏翡翠時，收藏的不是料石，而是雕琢成型後的器物，藝人對翡翠加工的過程就是賦予翡翠魂魄、性靈的過程，這之後翡翠才真正具有藝術價值。

就如和氏璧一樣，只有剖璞雕琢以後才表現出它的價值，而藝術是無價的。經過藝術家苦心孤詣的創作，使原本無生命的頑石具有生命，翡翠的價值也因而不能再以原先的物質價值來衡量。

除了在工藝上鑑賞翡翠，還要學會在色彩上鑑賞翡翠。

翡翠鑑賞中的相玉學

最高境界的翡翠鑑賞是對翡翠的識別，特別是對璞玉（玉石的毛料叫璞玉）的識別。賭石就是最極端的翡翠鑑賞行為。

翡翠鑑賞包括翡翠玉石外皮的鑑賞，其外皮一般呈土黃色、紅褐色，乃至黑色，並有風化殘存形成的顏色和不同的花紋。毛料質地怎樣，是無法直接看出的。因此，要根據外

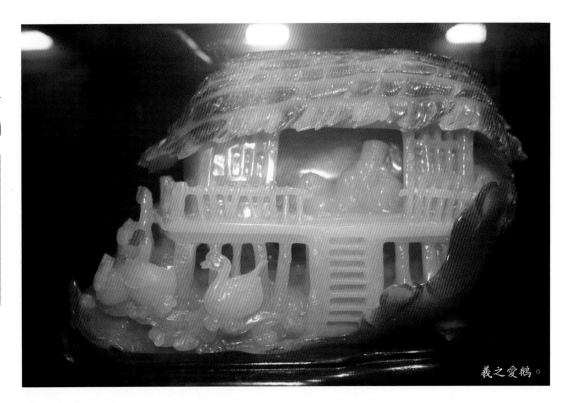

義之愛鵝。

皮的顏色、厚薄、精細、花紋的形態，推測毛料內部翡翠的顏色和地子，這就成了一門特殊的學問——相玉學。

翡翠鑑賞還包括對翡翠質地的鑑賞，其質地俗稱「地子」或「水頭」。品質最佳的地子稱「玻璃地」。一般有「三分水」（大約6毫米），就是上上等的翡翠，但這要有經驗的人才能看出，可靠性也不高。

有些翡翠有幾分水，但是色差，價值就低；有些色不錯，但水頭差，也不能夠算得上是出色的玉。水頭必須和色相配合，加上好的種質，才可以算得上是佳品。

老坑種的水頭長，新坑種的水頭短，這個「種」字，除了指水足，還指綠色夠鮮濃，新坑種因年份所限，種不好，非但不透明，而且綠色甚嫩，故投資者在選購時一定要注意看水頭，最好看起來有水汪汪的感覺。

翡翠的水頭主要決定於翡翠的質地及顏色，實際上有時這三個因素之間又是相互影響的，故行內又將這三個因素融合成為「種」的概念，將翡翠劃分為不同的「種」。如玻璃種是指質地細潤、透明度好的翡翠，如果再加上顏色翠綠，即所謂玻璃豔綠，就是翡翠中的極品；而花青種的翡翠是指一些具青綠色、質地一般、地子發灰、顏色分佈往往呈斑塊狀的翡翠等。

顏色和水頭之間也有相關性，如果顏色很深，一般水頭也會受到影響；相反，如果水頭很好，則綠色一般會變得更豔麗或「化」得很開，有時也使

水頭必須和色相配合，加上好的種質，才可以算得上佳品。

顏色變淺。

　　觀察翡翠的水頭絕不能隔著厚玻璃進行，因為無色厚玻璃會增強翡翠的水頭。總的來說，水頭好且綠色好的翡翠一定是高檔的品種。水頭與顏色的配合是評估翡翠品質及價值中很重要的方面。

　　另外，從工藝評估的角度，光源與翡翠的透明度也有明顯的關係。光源強，翡翠的水頭就顯得好；相反，如果光源弱，翡翠的水頭就顯得差。因此，標準的評估和鑑賞應以有陽光的時候為準。所謂「無陽不看玉」，即是這一道理。

翡翠雕件的鑑賞

　　翡翠的色彩豔麗、質地細膩、硬度高、韌性好，和很多名貴玉石一樣，可用來雕琢各種工藝品雕件。

　　在大多數情況下，在小型雕刻件中被使用的翡翠原料與上述品種的翡翠相比，具有更低的品質，但是，它是整個翡翠中工藝最複雜、最豐富，造型最無常規的一種佩戴、擺放、手玩或懸掛的工藝品。

　　翡翠雕件的構思設計一般以喜慶吉祥、愛情、祈福、宗教信仰為主題。佩戴它，人們相信可以具有吉祥、平安、永恆、幸福、富有，以及前程遠大、逢凶化吉等寓意，而博大精深的中華文化更使之豐富多彩，絢麗多姿。

　　大型的雕刻件更是我國的國寶，例如國寶級翡翠「岱岳奇觀」，國寶級翡翠「含香聚瑞」等，這些超大型翡翠無論從其材料還是雕刻工藝上，都達到了令人歎為觀止的水準，其價值更是難以估算。

　　翡翠雕件的鑑賞有時是對巧色和俏色的鑑賞。翡翠因是天然形成的礦物類寶石，多多少少是會有瑕疵的。如礦物雜質、生長紋等，沒有任何雜質的翡翠是非常少見的。就連在拍賣會上創出天價的翡翠雕件上一樣有瑕疵。只不過瑕疵非常之小，有的連肉眼都看不到。

如果顏色很深，一般水頭也會受到影響。

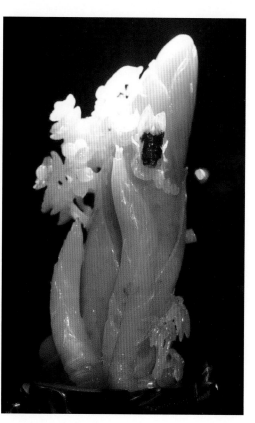

竹筍與知了。

母雞孵蛋。

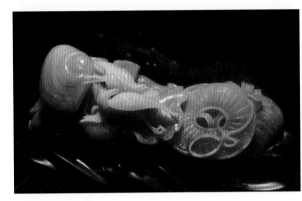

漁翁得利。

但市面上銷售的翡翠雕件上存在的瑕疵就要相對多一些,而且有的屬於人為的,在開採、雕刻、運輸、庫存的過程中造成的人為傷害,那就是裂痕和缺損。

這一點收藏者要注意,不要輕易購買有人為瑕疵而又未經巧色處理的翡翠雕件。儘管銷售人員再三地向您解釋「只是一點點,看不出來」,也不要忽略這一點點,因為被人為傷害的翡翠在價值評估時在專家眼裡是非常致命的毛病。這對於將來的升值有著很大影響。

一塊好的原料交給一位技藝高超的資深雕刻師,由他雕琢出來的工藝品很有可能成品價值要高於技藝不高的玉雕師傅的作品幾倍乃至幾十倍。原因是構思、開料技巧、雕琢工藝、打磨工藝、雕刻技巧等方面有著天壤之別,所以成品後呈現出的意境、造型和工藝的精細程度是完全不同的。

龍馬精神。

山道上。

對很多人來說，翡翠鑑賞就是對翡翠雕件的鑑賞，所以，翡翠雕件在翡翠鑑賞中具有重要價值。

「岱嶽奇觀」的鑑賞

號稱「稀世國寶」的翡翠雕刻「岱岳奇觀」是由一塊重達363.8公斤的翡翠雕刻而成的藝術作品。藝術家依據翡翠的形狀、色澤、花紋、質地，精心創作了我國五嶽之尊泰山的壯麗景色，有古趣的亭臺樓閣，有繚繞的煙霧雲海，集中表現了泰山的主要景觀。該玉雕全景共點綴人物64個，姿態各異。尤其珍貴的是，一輪冉冉上升的旭日，是巧用翡翠上的一個小棕紅色斑創作出來的，真可謂匠心獨運。

翡翠背面（行話稱陰面）為土黃色石質外表覆蓋，油青色澤沉著。在背面右側邊緣有一塊紅棕色翡。其色彩有綠（翠）、粉白、紅棕（翡）等，色澤鮮豔，質地細密，水分足，晶瑩剔透，其中綠色多而密，呈絲絮狀，多集中於正面中間棱線左右的平面，和粉白色的地子交錯。

「岱嶽奇觀」設計雕琢巧奪天工。泰山，是聞名世界的名山，氣勢磅礴、宏偉壯觀，寓意深遠，歷代帝王將相、文豪墨客無不對其讚頌不絕，將其喻為中華民族的象徵。

在設計過程中，作者因材施藝，保留大面積，並突出綠色（翠），以邊線最寬的88公分的底部作為作品的底部，最大限度地展示了玉料體積。在泰山的造型中，隨形就勢，儘量佔用邊沿和棱角料，既保持體積大的優點，又使山脈峰巒起伏，錯落有致。

在佈局上，作者突出重點，以中天門為背景，集中表現十八盤、天街、玉皇頂等主要景觀，有取有捨，進行藝術的概括和集中，使作品不至於成為表現真實景色的模型。

在作品正面，以多而密的綠色（翠）設計成鬱鬱蔥蔥、層層疊疊的樹林，以亭臺樓閣、小橋、瀑布、溪水等作為近景，突出展現玉料的精華所在。作品共有64個人物、9隻鶴、9隻鹿、3隻羊，寓意吉祥。

岱嶽奇觀。

中景的山峰不加過多的人工琢磨，充分表現玉料質地、色澤的美，從而更顯示作品的珍貴價值。粉白色的部位處理為繚繞山巒之間的雲霧，既和綠色形成對比，又使人們感到泰山的高聳、宏偉和壯觀，使作品小中見大，意境深遠，更擴展了這一稀有玉料龐大的體積。

正面玉料的綠色青翠，作者設計為泰山的陽面；而背面呈深沉的油青色，則設計為泰山的陰面。這符合自然規律，因為向陽的山巒，陽光普照，樹木青翠而生長旺盛；背陰的山巒，樹木色淺灰暗而深重，如同唐代詩人杜甫在《望嶽》詩中所敘述的「陰陽割昏曉」。

背面做工比較簡練，突出了玉料龐大的體積及其質地和色澤的美，同時雕刻有唐代詩人杜甫的《望嶽》。這首詩用古代名人書法組字，用鐵線篆體琢碾於具上，並填金色，使作品風格古樸、高雅，書法、工藝和造型互映成輝，更具民族特色。

特別值得提及的是，「岱嶽奇觀」在工藝製作上，做到了正面繁複、背面簡練。在背面右上側的邊緣有一塊紅棕色翡，作者利用這一難得的俏色，設計成一輪紅日在山巔冉冉升起，隱現於雲彩之間，手法含蓄，達到完美的藝術效果。

而在正面，則是近景繁復，採用鏤雕、圓雕、深淺浮雕等手法，琢碾成層層疊疊的樹木、小橋等，刻畫入微，玲瓏剔透，顯示了精湛的技藝；中景和遠景則採用淺浮雕、陰刻等手法，使之深遠。

取石。雕塑。

翡翠藝人。雕塑。

第八章

翡翠的保養維護

暮歸車馬鬧，珠翠落平坡。

——明·楊基《上巳》

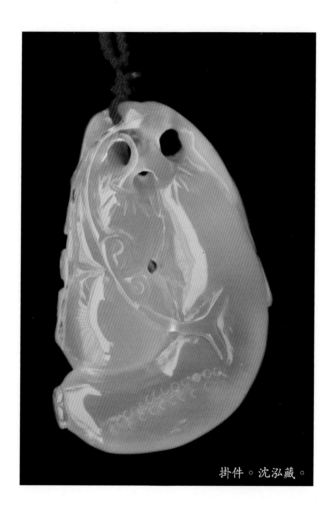

掛件。沈泓藏。

翡翠首飾是高檔的珠寶首飾，要保持翡翠的長久光澤和色彩，需要對它認真保養。說翡翠要「養」，對於不接觸翡翠的人是有點新鮮。翡翠雖不是動物、植物，但它確需護養。

翡翠有種，種有「老」有「嫩」，種「老」的結晶顆粒細小，晶隙細微；種「嫩」的結晶顆粒粗大，晶隙寬大，在晶隙中含有一定的水分。

翡翠的生成地，地上地下水源豐富，翠石裡自然含有較豐富的水分子，到北方乾燥的環境裡，如不養護，很容易就會失水，尤其是那些種粗的翡翠就更加容易失水。失水使其變乾，乾了後就會產生裂和綹，裂綹多了翡翠就會失去其美麗。

一些翡翠店的行家一般會先介紹種，即翡翠的質地，會推薦種老的產品。種老的翡翠晶隙極其細微，這樣就能保持其原有的水頭長久不變，翡翠要「養」的原因就在此。

呵護保養翡翠的要點如下。

常佩掛翡翠可以「人養玉」

如何「養」翡翠呢？把它包裝好壓箱底只是一般的保護，只能保護翡翠外形，使其不受外力破壞，而對其內在的失水起不到作用。

「養護」最簡單、實用的方法就是作為人的裝飾物佩掛在身上即可，不論它在人體的哪個部位，都有人體溫潤的小環境。

常聽商家介紹少綠的翡翠，說翡翠上的綠會越長越大，一些消費者也認為是這樣。其實翡翠首飾上的綠一般來說不是活的，也不會越長越大，但在特殊情況下，綠會稍微擴大。

翡翠也叫硬玉，是寶石玉的名稱，其礦物學名稱叫鈉輝石。在人工翡翠的研究中，證實純的鈉輝石是無色的，只有加入鉻的化學試劑後才能出現綠色。所以，天然的翡翠帶不帶綠色，得看翡翠形成時內部有沒有「混入」鉻，混入的鉻越多，翡翠就越綠。

但對於從礦山或河溪中獲得的翡翠加工成的戒面或其他首飾來說，其內部含鉻的多少已經固定了，所以翡翠上的綠不可能是活的。

但是翡翠中的鉻在某些情況下，可以產生化學反應，從而使鉻有少量的擴散，這就是人們覺得綠「長」的原因。

產生綠「長」的翡翠主要有翡翠項鍊、翡翠手鐲和翡翠項牌等與皮膚緊密接觸的翡翠。

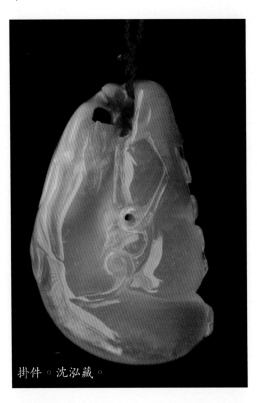

掛件。沈泓藏。

其原因是人體有一定的溫度，還容易出汗，汗水中有酸或鹼性成分，這些成分可以從翡翠的微裂隙中滲入內部，其中某些成分可能會與產生綠色的鉻離子產生化學反應，或者把已經固結在翡翠中的鉻離子溶解而產生遷移，這樣就顯得綠色長大了。

其實，翡翠中產生綠色的鉻的含量沒有任何變化，只是微量鉻產生擴散或遷移而已。

常常佩掛翡翠會補充翠的失水，使其潤澤，水頭得到改善，一些「棉」「絮」就可以消退變透，這就叫「人養玉」。

要常清洗首飾

翡翠表面的清潔很重要，因為使用後殘留的各種污穢會帶有酸性或鹼性的東西，它們會污染翡翠的表層。

每次佩帶後，都要用清潔而柔軟的白布抹

拭，不宜用染色布。也可用清水或微溫水清洗。先將它浸在水中約30分鐘，然後用小刷子輕輕擦洗翡翠鑲嵌飾物，最後，用柔紙將水分吸乾。也可以用軟刷浸水刷去留在上面的污穢。或者清洗時用溫肥皂水快速清洗，除去表面的灰塵、油污，然後用棉花蘸酒精輕輕擦拭，最後置於通風處晾乾，且不要在陽光下暴曬。

　　不要到特別髒的時候才想起清洗翡翠。很髒的翡翠可以用加入中性清潔劑的溫水清洗，耐心地用牙刷輕刷，直至將污垢洗盡。

　　一般來講，最好半個月左右清洗一次。可以用超音波清洗，但有大縫隙的翡翠最好避免用超音波；特別髒的翡翠首飾，超音波清洗是沒有效果的。

　　注意，切勿直接在水龍頭上沖洗。另外，鑲有碎鑽或寶石陪襯的翠玉件，只宜用乾淨的白布揩擦。

　　洗淨後一定要吹乾首飾，或用軟紙吸乾首飾上的水。

　　條件許可的話，經常用軟布擦拭翡翠，可以使首飾保持長久的亮麗。

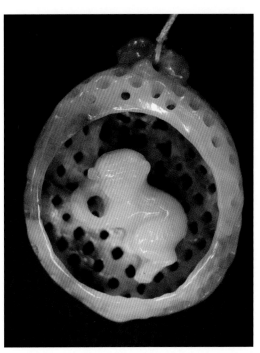

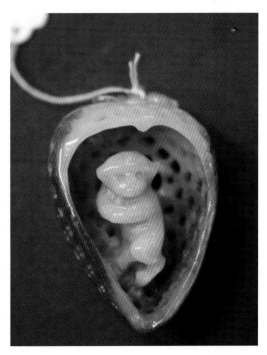

猴掛件。清洗這樣多孔的首飾要特別小心。　　　　　　　　　　　　　　　猴掛件。

當心汗液油污侵蝕

　　注意保養翡翠的人都知道翡翠忌諱汗液及油污。因為人的汗液中含有鹽分與揮發性脂肪酸以及尿素等，它會慢慢侵蝕翠的外層，致其受損，從而使翠玉的光度與光澤遭受破壞，使原先晶瑩通透的色相，變得黯然無光。

　　這種影響對那些老坑玻璃種高檔翡翠尤為突出，所以在夏天高溫季節裡，最好不要把玩翡翠；那些佩戴在身上，與肌膚貼近的飾件，如手鐲、項鍊等，用好後要立即拭抹乾淨，儘量減少汗液對翠玉的侵蝕。

翡翠首飾是高雅聖潔的象徵，若長期接觸油污，則易玷污表面，影響光彩。有時污濁的油垢沿翡翠首飾的裂紋充填，很不雅觀。

因此，在佩戴翡翠首飾時，要保持翡翠首飾的清潔，經常在中性洗滌劑中用軟布清洗，抹乾後再用綢布擦亮。

避免跌落與碰撞

翡翠具有較強的韌性，耐磨性較大，但珠寶鑑定中心專家常常提醒消費者，不要把這一特性誤解為不怕摔打。殊不知摩氏硬度很高，同時也帶來脆性度較大的弱點。翡翠同樣需精心保護。

通常來講，翡翠碰撞不起，很嬌嫩，一經碰撞，表層內的分子結構就會受到破壞，有時會產生暗裂紋。雖然肉眼不易察覺，但在放大鏡下就會原形畢露，它的完美性與價值就將大受其損。

翡翠很嬌嫩，一經碰撞，表層內的分子結構就會受到破壞，有時會產生暗裂紋。

從款式上來說，有些用翡翠製作的首飾也容易在跌撞時產生裂紋或斷裂。比如圈口略小的翡翠手鐲，就可能因為取戴不便而不慎滑落地上，導致碰裂或跌斷；還有一些款式過薄的翡翠首飾，也都很容易碰裂撞碎。

翡翠受到碰撞和摩擦後，將可能失去光澤甚至受到破損。所以，每件首飾應該單件存放，避免受到碰撞、摩擦。

收藏翡翠時，應將其珍藏在質地柔軟的飾品盒內；若兩件以上，要各自用絨布之類柔質物包裹好，這樣才能以防萬一。

在佩戴翡翠首飾時，應當心跌落，儘量避免使它從高處墜落或撞擊硬物，尤其是有少量裂紋的翡翠首飾。否則很容易破裂或損傷。

萬萬不可使翡翠在陽光下曝曬。

不要置於驕陽下或滾水裡

切切不可使翡翠在陽光下暴曬，因為強烈的陽光，會使翡翠分子體積增大，從而使玉質產生變態，並影響到玉的質地。

同樣的原因，翡翠亦不宜受到蒸氣的衝擊，更忌滾水。

所以要切忌高溫暴曬，以免翡翠飾品失水失澤，乾裂失色。

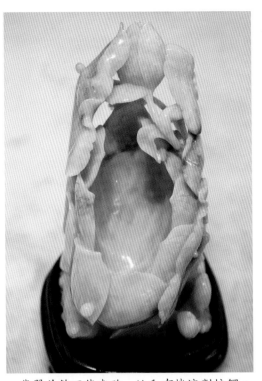

避免接觸化學溶劑

　　隨著社會生活的發展，在日常生活中，使用的化學物品越來越多，這些化學溶劑會給翡翠帶來一定的損傷。

　　例如各種洗潔劑、肥皂、殺蟲劑、化妝品、香水、美髮劑等，如若不小心沾上，應及時抹除，避免它對翡翠產生損傷。

　　翡翠首飾在雕琢之後，往往都上有蠟，以增加其美豔程度。所以翡翠首飾不能與酸、鹼和有機溶劑接觸。

　　即使是未上蠟的翡翠首飾，因為它們是多礦物的集合體，也應切忌與酸、鹼長期接觸。這些化學溶劑都會對翡翠首飾表面產生腐蝕作用。

翡翠首飾不能與酸、鹼和有機溶劑接觸。

保養不當也會損害翡翠

　　翡翠作為一種高檔的寶石，保養很重要，如果保養不得當，就會使翡翠受到損害，造成不必要的損失。

　　儲藏翡翠首飾，一般要單獨包裝，切忌隨便亂丟或和其他首飾混藏在一起，那樣會磨

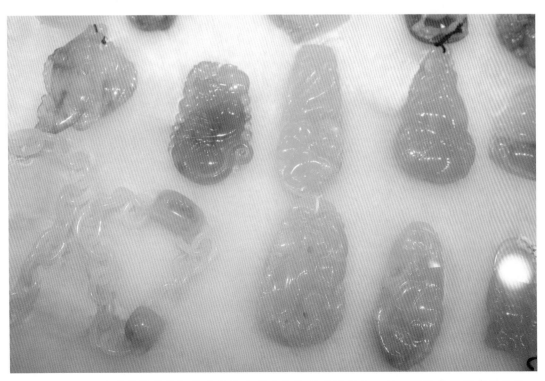

儲藏翡翠首飾切忌隨便亂丟或和其他首飾混藏在一起，那樣會磨損翡翠飾品。

損您的翡翠飾品。

另外也不要將翡翠首飾長期放在箱裡，時間久了翡翠首飾也會「失水」變乾。

翡翠損壞應科學維修

翡翠是一種特殊的「毯狀構造」的玉石，具有良好的堅固性，如不與硬物撞擊，是不容易破裂的。

不過翡翠也具有脆性，在跌落或碰撞時容易破裂。那麼，當翡翠首飾發生這種情況時，該如何處理呢？以翡翠玉鐲為例說明。

當玉鐲被碰或跌落產生裂紋時，若裂紋不嚴重，可以繼續佩戴；如果裂紋十分嚴重或被跌斷為兩截時，便要視該玉鐲的貴重程度，採取金鑲玉的方法，在斷裂口包金或包銀來加以處理。

如果被跌落為三截或更碎時，則不能用包金或包銀來處理，這時，可採取珠寶首飾的改製來處理。若玉鐲中有明顯的翠綠段（或較大的翠綠點），則可用加工成戒面或吊膽、玉辣椒之類的小掛件；無翠綠的，也可用來加工成觀音或玉魚等。

另外，像那些鑲嵌在首飾上的寶石如有損壞，一般都可改製。如果寶石被劃道、磨毛，當然可重新修復、拋光；而如果寶石開裂，就可採用改製方法，由大改小，重新設計，會有很好的效果。

長時間使用會使翡翠首飾色澤暗淡，此時可以到有信譽的珠寶店去拋光翻新。

重新整修和拋光，可以使翡翠首飾光潔如新，重新煥發無窮的魅力。

翡翠也具有脆性，而且容易破裂。

第九章
翡翠的品質鑑定

金轄茱萸網，銀鉤翡翠竿。

——南朝・梁・劉孝威《釣竿篇》

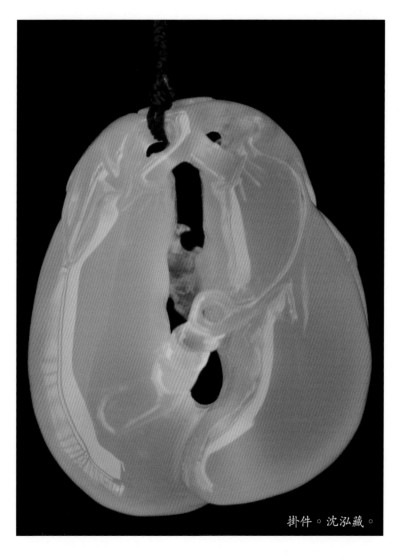

掛件。沈泓藏。

　　翡翠的鑑定是鑑賞的基礎，也是收藏投資的關鍵。很多人認為越翠越真，但在一次珠寶行業發展論壇上，人們在國家黃金鑽石製品品質監督檢驗中心玉器檢測室目睹了一件翡翠串珠，顏色濃綠溫潤，蒼翠欲滴，美不勝收。觀賞者都說這肯定是品質非常好的翡翠了，與旁邊的翡翠如意相比要高檔很多。然而，工作人員說，這串翠珠的品質檔次並不如旁邊的如意翡翠，原因是其透明度不夠。可見，翡翠的鑑定並非易事。而如果鑑定知識不夠，收藏投資的結果就可想而知了。

翡翠鑑定包括哪些方面

通常來說，翡翠鑑定是指對翡翠成品件的鑑定，一般可分為儀器測試與人工鑑定兩個方面。

儀器測試，通常是由偏光儀來測試它的結構晶體，由折射儀來測試它的折射率，由濾色鏡來測試它的顏色元素，由密度法測出它的密度，由硬度計獲得其硬度，由分光儀測試致色光譜等。儀器測試具有很高的科學性，它能透過現代科學技術的手段，測試出可靠的依據，無疑有很大的準確性，一般只有專業工作者掌握。對於絕大多數翡翠愛好者來講，必須透過人工鑑定這一傳統手段加以鑑別。

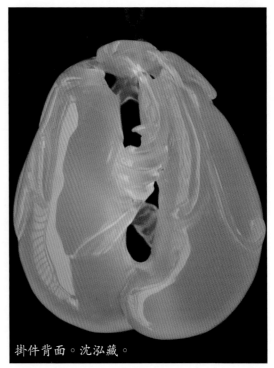

掛件背面。沈泓藏。

人工鑑定翡翠的過程，是一個日積月累的過程，需要長時間的實踐經驗積累。翡翠鑑定包括哪些方面呢？一般來說，需要從翡翠的以下幾個方面著手。

1. 結構鑑定

翡翠的結構為變斑晶交織結構，係指其在變質作用下，透明粒狀斑晶周圍的細小纖維狀的礦物晶體交織在一起而形成的結構。在翡翠中均有不透明或微透明的白色纖維狀晶體交結在一起構成的小團塊狀白花，稱為石花或石腦。

2. 種坑鑑定

翡翠的種坑是由結構與質地構成的。翡翠均由小晶體所組成，晶體粒越小，表示質地越緻密，透明度亦越佳，打磨出來的效果亦越出色。在珠寶行業中，將坑種分為老坑（也稱老種）與新坑（也稱新種）。老坑色彩亮潤，色與地融為一體，透明度高，其質最佳；

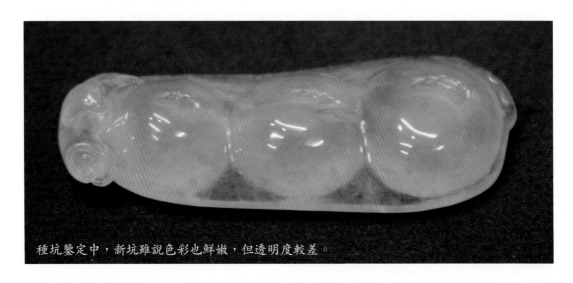

種坑鑒定中，新坑雖說色彩也鮮嫩，但透明度較差。

水頭鑑定中，水頭越高，種質越好，便越珍貴。

新坑雖說色彩也鮮嫩，但透明度較差。

3. 顏色鑑定

翡翠顏色等級的差別，與其價值相關很大。在鑑定評價翡翠時，一定要分清它的顏色。它以紅、綠、紫色為主，單色翡翠中的綠色，濃豔純正的紫色、紅色都是翡翠中的高檔顏色，尤以綠色為最貴。翡翠的綠色，要以濃、陽、俏、正、和為好。綠色品種以寶石綠、玻璃綠、豔綠與秧苗綠為最佳。

4. 水頭鑑定

水頭即為翡翠的透明度。水頭越高，種質越好，便越珍貴。在觀察翡翠水頭時必須十分仔細，因透明度與翡翠本身的厚薄有關。另外，特別要小心做過手腳的翡翠成品，例如成品中間是挖空的。還要留心瑪瑙代製品，因為瑪瑙的透明度也比較好，於是便有人以瑪瑙著色來冒充翡翠。在香港、臺灣，還將翡翠的透明度劃分為通、放、透、冰、瑩等等級，其中瑩為最上品。

5. 地子鑑定

翡翠的地子要好，無論是翡，還是翠，外部質地均要細膩均勻，內部質地均要堅實、細潤、潔淨、水頭足。好的地子還要與翠色協調一致，互相照應，從而襯托翠色。翡翠地子以玻璃地與蛋清地為最佳。

6. 光澤鑑定

翡翠作為珠寶，對光澤的要求很高。它是翡翠質地優劣的直觀反映，優質翡翠必須具有油脂的強玻璃光澤或珍珠光澤。

7. 手感鑑定

由於翡翠的硬度大，結構緻密細膩，拋光度好，光潔度也好，手摸之有一種非常溫潤的滑感。另外，將翡翠貼於臉上或置於手背上有冰涼之感。

8. 品相鑑定

品相多指翡翠的完美度，包括翡翠內在無任何缺陷，形體完美無損等。關於內在缺陷這一點，應當辯證地看待，總體來說，不含黑點、石花與裂絡的要比含這些缺陷的好。但有時微弱缺陷，只要不在成品的顯眼部位，不但不會影響翡翠身價，反而是證實它是真貨的依據。

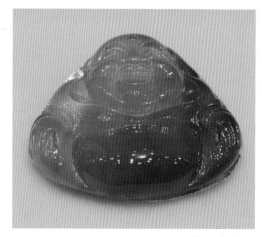

翠性鑑定。

9. 舊飾、時飾鑑定

翡翠製品有「舊飾」「時飾」之分。所謂「舊飾」，是指清末以前的「官飾」及貴族的首飾，如翎管、扳指、帽正、龍帶鉤、朝珠、扇墜、煙壺、別子、牌子等。所謂「時飾」，是指晚清以來社會上流行的飾物，如奶墜、鐲子、戒指、耳環、項鍊、馬蹬等。

石花鑑定。

包裹體鑑定。

天然的、未經人工處理的真品稱為 A 貨。

翡翠的鑑定特徵

翡翠主要的識別特徵是：顏色不均，綠色走向延長；帶油脂的強玻璃光澤；變斑晶交織結構；有涼感，在查理斯濾色鏡下顏色不變。

具體而言，翡翠的鑑定特徵如下。

1. 翠性

不論翡翠原料或成品，只要在拋光面上仔細觀察，通常可見到花斑一樣的變斑晶交織結構。在一塊翡翠上可以見到兩種形態的硬玉晶體，一種是顆粒稍大的粒狀斑晶，另一種是斑晶周圍交織在一起的纖維狀小晶體。一般情況下同一塊翡翠的斑晶顆粒大小均勻。

2. 石花

翡翠中均有細小團塊狀、透明度微差的白色纖維狀晶體交織在一起的石花。這種石花和斑晶的區別是斑晶透明，石花微透明至不透明。

3. 顏色

翡翠的顏色不均，在白色、藕粉色、油青色、豆綠色的底子上伴有濃淡不同的綠色或黑色。就是在綠色的底子上也有濃淡之分。

4. 光澤

翡翠光澤明亮，拋光度好，呈明亮、柔和的強玻璃光澤。

5. 密度和折射率

翡翠的密度大，在三溴甲烷中迅速下沉，而與其相似的軟玉、蛇紋石玉、葡萄石玉、石英岩玉等，均在三溴甲烷中懸浮或漂浮。翡翠的折射率為 1.66 左右（點測法），而其他相似的玉石均低

於1.63。

6. 包裹體

翡翠中的黑色礦物包裹體多受熔融，顆粒邊緣呈鬆散的雲霧狀，綠色在黑色包裹體周圍變深，有綠隨黑走之說。

7. 托水性

在翡翠成品上滴一滴水，水珠突起較高，這就是翡翠的托水性。

四類翡翠的鑑定要點

市場上的翡翠很多都是假的，故翡翠辨偽知識對收藏投資者是十分必要的。

不管是從緬玉的礦藏量還是從開採量來講，好的翡翠都很有限，故一些投機者和唯利是圖的商人便趁機而入，大量造假、販假，從中牟利。即使在翡翠王國的緬甸，假貨也俯拾皆是。假石頭、假飾品隨處可見。

市場上出售的翡翠飾品一般又可分為天然和人工處理品兩大類，如進一步細分，目前市場上流行經營的緬玉種類，按真假等級劃分，可分為四類。

1. A貨，天然質地，天然色澤

天然的、未經人工處理的真品稱為A貨。無論其石質，還是顏色都保持天然本色，「綠得能捏出水來」「翠綠欲滴」「綠得像雨過天晴的冬青葉和芭蕉葉」，且不易變化，具保值和收藏價值。

其他三類都經過人工染色處理，綠色顯得不自然，呆滯、發邪、漂浮而無色根，日久天長會變色、褪色，無保值和收藏價值。

辨偽要點，從以下三點著眼。

（1）三思而行、斟酌行事。

由於礦藏和開採量的關係及人們需求量較大的特定條件，目前市場上種質好的緬玉較少。特別是顏色翠綠，地子透亮的品種則少之又少。

（2）一般如秧苗綠、菠菜綠、翡色或紫羅蘭飄花的品種當為常見。

（3）燈光下肉眼觀察，質地細膩、顏色柔和、石紋明顯；輕微撞擊，聲音清脆悅耳；手掂有沉重感，明顯區別於其餘石質。

經過填充等處理，以次充好的稱為B貨。

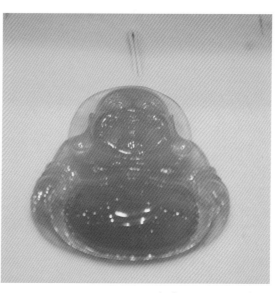

經過人工注色處理的稱為C貨。

2.B貨，經過填充等處理過的，以次充好

將有黑斑（俗稱「髒」）的翡翠，用強酸浸泡、腐蝕，去掉「髒」「棉」以增加透明度，再用高壓將環氧樹脂或替代填充物灌入因強酸腐蝕而產生的微裂隙中，起到充填、固結裂隙的作用。

辨偽要點：

（1）B貨初看顏色不錯，仔細觀察，顏色發邪。燈下觀察，色彩透明度較弱。

（2）B貨在兩年內逐漸失去光澤，滿身裂紋，變得很醜。這是由強酸對其原有品質的破壞引起的。

（3）密度下降、重量減輕。輕微撞擊，聲音發悶，失去了A貨的清脆聲。

3.C貨，經過人工注色處理

辨偽要點：

（1）第一眼觀察，顏色就不正，發邪。

（2）燈下細看，顏色不是自然地存在於硬玉晶體的內部，而是充填在礦物的裂隙中，呈現網狀分佈，沒有色根。

（3）用查理斯濾色鏡觀察，綠色變紅或無色。

（4）用強力褪字靈擦洗，表面顏色能夠去掉或變為褐色。

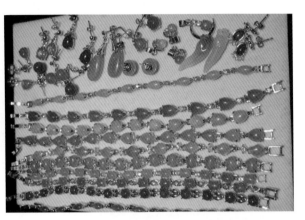

以其他材料冒充翡翠的稱為D貨。

4.D貨，以其他材料冒充翡翠

主要有以下兩大類。

（1）玉石類。即其他玉質冒充翡翠。主要有泰國翠玉、馬來西亞翠玉、南陽獨山玉、青海翠玉、密玉和澳洲綠玉及東陵石等。上述翠玉與緬甸翡翠的區別：一是硬度低，二是密度小（重量輕），三是光澤較弱。

（2）綠色玻璃及綠色塑膠。這些替代品大部分顏色難看，光澤很弱。相對密度很低，硬度低（用釘子可以刻動），無涼感。

確切的鑑定還要借助於科技和先進的技術，如高倍放大鏡觀察、測量密度和熱導係數、紅外光譜拉曼測驗等。

浸蠟處理的鑑定

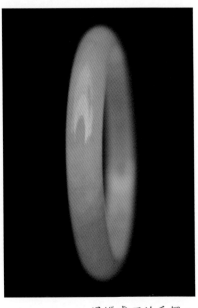

浸蠟處理的手鐲。

翡翠是不透明至半透明寶石，我們所看到的翠綠色，是陽光或白光中部分光質被翡翠吸收反射綠色光質的結果。翡翠顏色要達到色濃、色陽、色正及色勻這四要素，必須要有緻密而光滑的表面，才能有如鏡子般的反射光。偏偏

翡翠常與其他物質混合而成岩石，故組織構造欠均勻，磨光後的表面並不十分光滑。

在放大鏡下觀察，翡翠有如鯊皮紋凹凸不平，反射能力大受影響。為此在完成琢磨的過程中，最後也是最重要的一道手續磨光後，再浸泡在果酸當中，將其表面的含鐵或其他雜質輕微漂洗一遍，此工序稱為「去黃」。另外再浸入蠟溶液中，使蠟滲入填補裂隙縫及小坑洞，以提高反射能力，增加光澤。

這種做法已行之多年，為一般人所接受。這種玉在玉器行業被稱為 Allowing Jadeite（A玉）。

漂白注膠處理的鑑定

翡翠漂白灌注膠料處理，已相當盛行於玉市場，尤其是臺灣、香港及日本，無論高檔貨老坑種或低檔貨花青種均有，據報導，高檔貨中有80%～90%均經處理過。其處理包括兩個主要階段。

第一階段是漂白，又稱褪黃，即將已剖開成片狀的翡翠原石或已琢磨完成的翡翠，以化

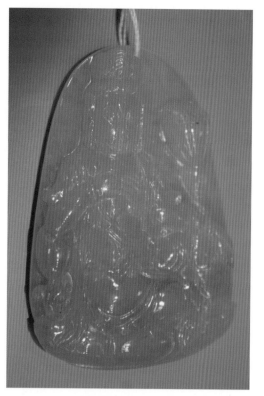

翡翠漂白灌注膠料處理鑑定。

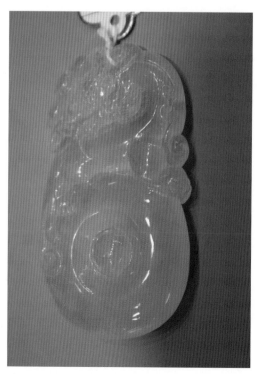

翡翠漂白灌注膠料處理鑑定。

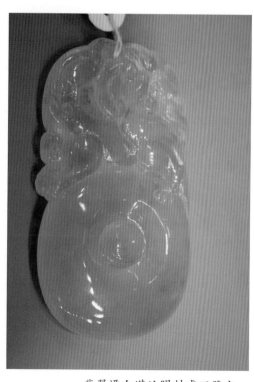

翡翠漂白灌注膠料處理鑑定。

學處理方法除去討人厭的棕褐色或灰黑色（可能由鐵化合物填充在裂縫裡所引起）。

第二階段是注入聚合物，甚至於添加綠色色素。經由這兩階段處理的翡翠，英文稱之為 Bleached and Polymer Impregnated Jadeite，其英文的第一個字母為 B，所以玉商行業簡稱其為 B 貨。到現在為止，這種處理只限綠色或白色翡翠，其他顏色的軟玉均未發現。

漂白注膠之程式的第一階段是漂白。翡翠原石（毛料）或剖成板狀的原石或已琢磨成形的翡翠如戒指面、墜子或手鐲等，浸化學藥品去除存在於裂縫或粒子構造間的棕黃色鐵化物。依各種不同資料來源顯示，鹽酸、果酸是最常用的漂白劑，其他鈉化合物也常被用來漂白翡翠。

依照翡翠受污染的程度或污染源之不同，有的只要浸幾小時，有的卻要浸上幾個星期才見效。當所呈現的顏色經判定已達最大的改善時，將其取出並以清水不斷清洗，當然也可以蘇打水來中和殘留在玉上的酸。至此尚屬正常作業，許多種寶石原料如祖母綠在琢磨前均經如此處理。如此產品未添加其他物料，仍屬天然未處理品。

如漂白完成後，裂縫或粒子間之全部或大部分棕褐色汙跡已清除，卻使白色或粉綠色脈紋更明顯而不好看。漂白過的翡翠因除去汙跡留下孔隙，呈易碎裂狀態，如不加以處理而鑲成首飾佩戴，過不了多時，這些孔隙又會填滿了髒物和油脂，更不美觀。因此，必須進行第二階段作業，注入聚合物，有時只用蠟，但大部分都注入樹脂，替代被除去的物質，以填滿孔隙並固結鬆散的翡翠。有些技師將染料與聚合物一起注入，灌注完成後再將殘餘的聚合物除掉。

漂白注膠的翡翠鑑定方法是：經測定漂白注膠翡翠的寶石性質，其折光率、光譜（手持光譜儀）兩項與未處理者無顯著差異，而在相對密度、紫外線螢光反應及高倍放大的特徵（外觀）等方面有顯著的差別，可據以檢驗漂白注膠產品。而最近開發應用於珠寶鑑定的新儀器紅外線光譜儀，價錢昂貴又需較高的技術，但最具準確性。分述如下：

一是以純鹽酸滴一小滴在未經過處理的翡翠上，觀察 1～20 分鐘，會有許多小圓汗珠圍著小滴處。這種反應是翡翠的結晶粒子與小裂縫及子孔隙和毛細管作用。當以同樣的方法測試漂白注膠翡翠時，則因膠料填滿了子孔隙而沒有這種（小圓汗珠）現象。在乾熱的地方，尤其是在冷氣房做這種測試，因鹽酸會在你看到反應之前蒸發掉，所以必須不斷地滴鹽酸。

二是以顯微鏡可觀察到表面裂縫中之填充料。 光澤差的低品級玉也可能在玉片上發現白色斑，係因處理時疏忽所致。在拋光表面的樣品中，有時可看到填充料的料氣泡或棉絮狀纖維物聚集在透明的膠料中，偶也可在雕刻淺溝、凹陷、小坑等看到膠料殘餘物。

三是紫外線螢光反應。 大部分天然未經處理的翡翠對紫外線輻射沒有反應。在長波紫外線下有些則於白色處顯示淡至中度黃色，對短波紫外線則呈弱或無反應。綠色部分則均無反應。而漂白注膠翡翠均對長波紫外線產生螢光反應，有時在白色地方更明顯，這種螢光大致是來自所灌注的膠料。

四是採取敲擊方式。 對翡翠品質及等級之鑑別，古有明訓六字訣：色、透、勻、形、敲、照，為玉器行業常掛在嘴邊的座右銘。其中「敲」在鑑別 B 貨時更能派上用場。大件貨如玉手鐲用硬幣輕輕敲擊，若是天然未經處理的高檔貨則發出清脆悅耳的聲音，而 B 貨則發出沉悶的啞音。其理論基礎是翡翠結構內的膠料或斷裂阻斷聲波，而未處理者聲波振

動無阻。

五是紅外線光譜儀鑑定。在研究或學術機構才有紅外線光譜儀，且其價錢昂貴又不易操作，但該方法對鑑定翡翠是否經注膠處理，最具有準確性。

被覆處理的鑑定

被覆處理的方法是在白色次等玉的表面，包裹一層很薄的綠色膠膜，使原來無色的白玉變成翠綠透明的皇冠綠。其他飾石如印度玉也屬於白色次等玉。

已發現有幾種寶石可以經被覆處理的方法來改良其顏色。如在天然金綠玉的表面被覆一層綠色物質，以冒充祖母綠；無色鋼玉珠，在其珠孔被覆紅色物質；星光無色藍寶被覆塑膠以冒充星彩紅寶等。

這種表面被覆處理的翡翠，在濾色鏡及紫外線下均無反應。一般的鑑定方法是用顯微鏡放大檢查其特徵。

一是表面失去翡翠特有的粗糙面，因被膠膜包裹而光滑。

二是可看到膠膜的染色色表成細微點，點狀散生於膠膜與種玉之接合面。尤以底面之藍色表最清楚。

三是將翡翠倒翻過來，底朝天時，可看到顏色集中在玉的周圍。

四是有時可看到膠膜破損之處顯出種玉原來的顏色，也可以用熱針或大頭針刺破膠膜，但此法須謹慎應用。另外也可用分光儀，在紅色區觀察到一條粗的吸收光譜。

染色處理的鑑定

染色處理的翡翠叫 C 貨，即 Colored Jadeite，其實在珠寶文獻上對於人工染色都用 Dye 這個單詞，而 Colored 是專指天然著色。有專家建議應更正過來。

翡翠雖可以染成各種顏色，但以染成綠色和紫色較普遍，尤其是綠色。不但裸石及玉器可以染色，而且切片及原石（原

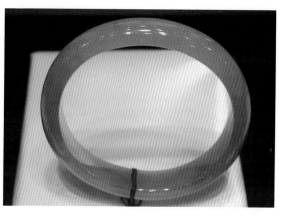

染色處理的翡翠。

染色處理的翡翠。

染色處理的翡翠。

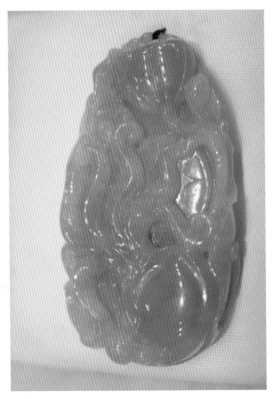

染色處理的翡翠。

料）也可染色。染色的過程包括加熱及加高壓兩個步驟。加熱必須小心謹慎，徐徐加熱，以促使翡翠的毛細孔張開，再以高壓力使染色擴散滲入整個翡翠表層。

早期染色只用於完成琢磨的裸石，而且是關起門來秘密進行，誰也不承認從事染色工作。這種土法染色費時較長，且常需重複6～12次才能獲得良好的效果。首先必須將翡翠慢慢加熱，這必須經過訓練，才能掌握技巧，積累經驗，否則加熱太快，易造成破裂。

有豐富經驗的染色藝人，是不會將翡翠直接加熱的，而是像炒栗子一樣，將翡翠放入裝滿鐵礦砂（炒栗子用小石子）的鍋中間接加熱5～15分鐘，使受熱均勻，然後放入染色液中，使染色素浸入裂縫、主脈紋及毛細孔中，以達到染色的目的。

現在科技進步了，多已大規模染色，已不再用鐵礦砂加熱，而代之的是如烘箱、壓力鍋等。

真正精細染色品，外行人是沒辦法用肉眼辨識的。必須是行家以科學的方法檢驗，加上專業知識才能鑑別。對染色做工粗糙品，可以肉眼觀察下列特徵進行鑑定。

（1）外觀顏色暗、沉悶且偏藍，因是由藍色素汙著染色。

（2）顏色僅存在表面層，看起來浮浮的。

（3）顏色的分佈由染色的主脈紋分出細脈染色紋，如同植物主根分出側根而遍佈全石。

（4）染色翡翠將失去光澤而呈「乾」或「缺水」（不透明）。

（5）顏色偏藍色不自然，即所謂邪色。

（6）顏色特別「整齊」，像穿制服一樣，千篇一律。

（7）雖然染色翡翠多是單一色，但並不是說多色者就不會是染的，尤其手鐲更有可能染成綠色、紫色及紅色的三色手鐲，即所謂福、祿、壽鐲。

應用標準寶石鑑定儀器檢查：

（1）染綠色者在查理斯濾色鏡下呈橘紅色或粉紅色；用顯微鏡可觀察到藍色素及根系紋；用手持分光儀觀測，可測得6300～6700A有一寬而模糊的吸收帶。

（2）染紫色者，在長波紫外線下呈強度到非常強度橙色螢光反應，對短波紫外線則呈弱橙色螢光反應。

（3）染料（色素）聚集在表面的裂縫中。

第十章
作偽手法全揭秘

東風弄巧補殘山，一夜吹添玉數竿。
半脫錦衣猶半著，籜龍宋信怯春寒。
　　　　　　——宋·楊萬里《新竹》

獅子。

　　當今世界，哪種收藏品珍貴、暢銷，就有其仿冒品出現。應用高科技製造的假冒品，幾乎可以達到以假亂真的程度。

　　翡翠是玉石之冠，高檔翡翠在各拍賣會上不斷創造出令人驚歎的天價，所以仿冒天然翡翠的B、C貨及其他仿冒品層出不窮，令商家、收藏者及檢測人員傷透腦筋。

　　當一種假冒品剛被識破，使原來的識別方法失效的另一種新的假冒品就會出現，始終是假冒在前，識別技術的提出在後。賣假貨的是超暴利，有一定的資金去引用高新技術，而一般檢測部門和工作人員卻沒有這個條件，就連專家都感歎：可謂道高一尺，魔高一丈。

　　翡翠的專業知識對於普通收藏投資者來說，不一定全懂。因此，收藏投資者購買翡翠時一定要選擇那些信譽好、專業化程度高的珠寶行購買，切不要相信街頭地攤上那些50元一件、100元一件的所謂翡翠首飾。其實那些所謂的翡翠不過是B貨罷了，有些還是C貨。

觀音。

觀音。

翡翠收藏的最大風險是假貨

翡翠值得投資，因為翡翠小巧玲瓏，不可再生，具有稀有、易收藏等特性。受緬甸翡翠開採限制的影響，翡翠市場交易日漸火爆，保值和增值功能也在增強。但這不代表其就沒有投資風險。

風險不在於賭石。從某種意義上說，賭石不是風險，因為賭石本來就是賭博，是預先想好了不想要這筆錢了，所以反而沒有風險了。而投資是想到要有回報的，一旦沒有回報，風險就特別大了。

翡翠收藏投資最大的風險是買到假貨，是翡翠真假判斷的失誤。

收藏投資者應當如何鑑別翡翠的真偽呢？

判斷翡翠是否是A貨，最保險的方法是借助專業儀器，採用如紅外光譜分析法、鐳射拉曼光譜分析法等。

B貨翡翠肉眼觀察光澤呆滯、沉悶，呈現蠟狀。在顯微鏡下觀察，表面有很多不規則的龜裂紋和一些凹坑。

C貨用肉眼觀察可看出色調不正常，鮮豔中帶邪色，染綠色的翡翠，綠中呈現偏藍色。翡翠非常稀少，翡翠A、B、C三個品級中，只有A級翡翠才有保值性。近幾年來，中檔翡翠年增值在30%以上，高檔更達到100%。

因此，只有A貨翡翠才具備投資價值，而目前市場上翡翠制假和人工處理的手段越來越高，普通收藏投資者很難對此進行辨認。

A貨翡翠也有性價比的問題，如何綜合判斷種、水、色、雕工各個方面，用最合適的價格購入翡翠，也是對收藏投資者的一大考驗。最關鍵的是應多讀書，積累知識，多到市場上調研學習。

常見的幾種作假手段

天然翡翠的開採地主要是緬甸，由於近些年大量的開採，目前一些高品質的翡翠已經很少了，市場上同時也出現了很多經人工處理的翡翠和翡翠仿製品。

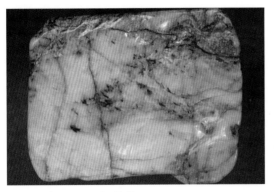

用廣綠玉冒充翡翠。

和翡翠顏色近似的廣綠玉雕件。

目前市場上出現較多的是B貨翡翠，這類翡翠透明度較差，有很多瑕疵，經過處理後的B貨經常用來充當A貨翡翠。

那麼如何來辨別它的真偽呢？首先要弄清楚翡翠作假手段，主要有以下幾種。

（1）用其他綠玉冒充翡翠：其贗品如馬來玉、澳洲玉、河南玉（獨玉）、廣綠玉等，它們質地粗糙，光澤較差。

（2）用塑膠、玻璃、瓷料等製成的仿翠假貨：一般較易識別。

儘管河南玉（獨玉）可以雕刻出精美的作品，但與翡翠相比，質地還有很大差距，價格也有天壤之別。

（3）用酸長時間浸泡品質低劣的翠料：透過此法，將導致翠料發黃、變脆的鐵、錳氧化物溶解，冒充高檔翡翠。

（4）採用注膠方法偽造：就是把一些能增加透明度的填充劑注入翡翠的裂縫中。

（5）高科技人造的翠玉：這是近幾年出現的。由高科技人造的翠玉，它與天然翡翠十分相近，肉眼很難區別，只有利用檢測儀器才能識辨真偽。

這類低品質的翡翠經過處理後很像顏色鮮豔的高檔翡翠，但一段時間後它就會變黃變脆。

收藏者在購買翡翠飾品時，一定要仔細觀察，慎重鑑別。

如果實在不懂翡翠知識，有一個最簡單的辨偽方法，就是在購買時，一定要讓對方出示有關部門簽發的鑑定證書。當然，鑑定證書也有假冒偽劣的，但聊勝於無。

加色及填充的識別

從歷史上看，翡翠市場早就存在不法商人採用各種手段和方式對翡翠進行染色，對外表進行「淨化」，對內部雜色進行消除。

翡翠的三級分類或四級分類系統即A、B、C已經在中國香港地區和全世界翡翠市場普遍使用，這主要是表明翡翠是否經過

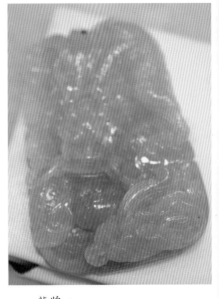

龍牌。

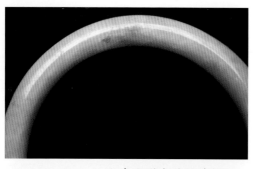

加色和填充後的手鐲。

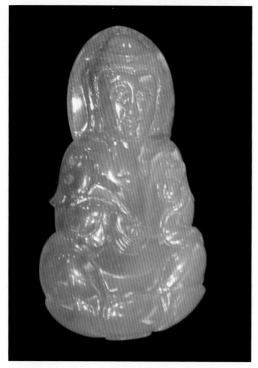

加色和填充後的吊墜。

人工加色，填充或其他物理及化學方法「改善」翡翠的外觀。

A貨是指除拋光、切割、雕刻以外不經過任何其他的方法加工的翡翠製成品。

表面處理是作偽者通常使用的一種方法。為了改善光澤，填充表面破碎和不平之處，在蠟中浸泡是偽造加工翡翠的最後一道工序，通常用來「改良」拋光以後的翡翠成品。

例如一只手鐲首先在溫鹼性水中浸泡5～10分鐘，為了清除拋光之後的表面殘餘，然後沖洗、晾乾，接著將其浸泡於酸性液體中約10分鐘。然後，又是清洗、晾乾，在沸水中煮5～10分鐘。這時要控制溫度，以免翡翠破裂，然後用預先熔化的蠟浸泡手鐲。這就是作偽者清除翡翠鏽斑的氧化變色方法。

B貨就是為了從翡翠的界線和裂紋之間除掉褐色或者黃色，使用物理及化學方法，例如漂白、酸液浸泡等處理方法處理過的翡翠。

由於這種加工過程使翡翠表面產生裂縫，所以，往往用石蠟注入漂白的翡翠，或者聚合物樹脂填充裂縫。這樣做的結果是透明度和顏色的重大的改善。

然而，對於這種作偽手段的發現一般都需要紅外線，在寶石實驗室中才能發現。

在一些B貨中，填充樹脂的手鐲能在高倍顯微鏡下見到。使用有機染色劑進行加工生產的綠色、淡紫色翡翠從20世紀50年代開始就盛行一時。

一般來說，染色可以用顯微鏡去辨別。另外，在可見頻譜630～670納米的地方如能見到紅色，一般認為翡翠已被染色。

另外，一些新品種的染料可以在600納米顯示較窄的寬度。因為一些翡翠僅僅局部地被染色，檢查必須完全而徹底。

重組作偽的識別

重組作偽的作假籽料一般由翡翠貼片、主體部分、黏合部分和假皮四部分組成。翡翠貼片多是用一塊厚5～6毫米的玻璃地或水地翡翠，並且經過掏空（最薄處僅有1毫米厚）、塗色處理，從外表看起來讓人感覺內部有綠色。

主體部分相當於正常籽料的玉肉部分，一般是用花崗岩等其他岩石所做的假「玉肉」。黏合部分可細分為三層：中間是一層錫箔紙或硬白紙，目的是為了加強反光，使翡

翠貼片在強光照射下顯得豔綠透亮。

　　錫箔紙或硬白紙上、下各有0.5毫米厚的膠層，將貼片和主體黏合起來。假皮一般厚2毫米左右，多仿造成土紅色或黃色砂皮等。

　　重組作偽的手法主要有如下幾種。

1. 切割成多片套在一起

　　重組作偽包括透過用較差色種的翡翠的半透明部分，切割成多片套在一起。中間的翡翠部分正好可以夾在兩邊之間，第三件較為平，放在底部，透明度也較差。這樣使得整塊翡翠顏色類似高等級翡翠。為了加強強度，空洞中填滿了環氧樹脂。

2. 原石開窗，貼上好翡翠

　　重組作偽的另一種方法主要用於翡翠原石，即貼片。將翡翠原石開窗之後，貼上一塊綠色樹脂片，然後用透明度好的翡翠再貼一道，這樣的偽造在原石貿易中屢見不鮮。

3. 移花接木、改頭換面

　　有一塊所謂「翡翠籽料」，外觀為黃褐色，呈長橢圓形，頂部開門處顯大片綠色，質地細膩，手掂時感覺密度比翡翠輕。

　　經詳細觀察，見開門處周圍皮殼與下部皮殼結構不同，敲打開門處表面，有空聲。由於用力過大，表面被擊穿，原來開門處是嵌一塊塗色翡翠貼片。採用的是移花接木、改頭換面的欺騙手法。

　　經紅外光譜分析測定，假皮主要礦物為石英、高嶺石和伊利石。除翡翠貼片外，其他部分為長英質岩石的卵石。

4. 作假門子，兩面貼片

　　如有三塊「翡翠籽料」鑑定。三塊開門處均見綠色，質地細膩，放大觀測為變斑狀交織結構，確實都像品質較好的翡翠。

龍牌。

龍牌。

　　但進一步詳細觀察，可發現一些可疑之處：一塊開門處表面風化的黃色裂隙被外皮截斷，另外兩塊開門處大片和小片的綠色形狀有別。這些樣品外皮都沒有晶粒自然排列的表現，質軟，不像翡翠籽料皮殼。

　　經過紅外光譜分析測定，一塊皮殼主要由白雲石組成，另有少量綠泥石，含有有機物。X光射線粉晶分析表明，一塊皮殼主要礦物為方解石、白雲石、硬玉和黑鎢礦等。一塊皮殼主要礦物為石英、硬玉和黑鎢礦等。顯然是人造的假皮。經去掉部分皮後觀察，這三塊都是將卵石切開，貼上翡翠片，用假皮掩蓋，充當優質翡翠籽料，欺騙顧客。

5. 攔腰斬斷，兩面貼片

開門處均顯綠色，質地細膩，具變斑狀交織結構，確實是翡翠無疑。

但詳細觀察，可以發現開門處大片和小片的綠色形狀有別，不像一塊原石切開的。且發現皮殼鬆軟，無翡翠外殼特有的晶粒自然排列的現象，確定為假皮。

去掉一部分假皮後，原來是一塊卵石，切開後兩面貼翡翠片，然後用假皮掩蓋，充當優質翡翠，欺騙顧客。

漂白和浸蠟的識別

在翡翠飾品加工過程中，漂白、浸蠟是十分重要的傳統工藝。據鑑定專家胡家燕介紹，對於不同的翡翠飾品，一般可採用其中某一種方式，也可以二者並用，實施優化，以達到改善翡翠飾品外觀及耐久性的目的。

在國家標準GB/T16552-1996珠寶玉石名稱中，將傳統工藝列為優化。因此，在檢測報告或鑑定證書中，可不附注漂白、浸蠟說明，優化的珠寶玉石直接使用珠寶玉石名稱。

胡家燕認為，過度的浸蠟在檢測報告或證書中，應加以「浸蠟優化」，以示有別。

天然翡翠飾品係指原料經機械的切割、粗磨、細磨、精磨、拋光等工藝流程加工而成，凡高檔的翡翠飾品，如鐲、佩、墜、珠、戒面等，均僅僅由這一物理機械加工過程製作而成。

漂白是一種化學處理方法，目的在於溶解翡翠飾品表面不和諧的雜質（礦物）色調，其溶解只限於表面，以使翡翠飾品表面更加純潔、美觀。

浸蠟可視為對翡翠飾品表面覆蓋及表層中微細裂隙的蠟充填作用。浸蠟可增加翡翠飾品表面的光潔程度；可是部分填補因加工過程中形成的粗糙面，尤其是一些雕件的旮旯部分；可掩蓋翡翠飾品涉及表層的原生、次生微細裂隙，使翡翠飾品看起來更加悅目。

目前市場上或民間俗稱的A貨翡翠飾品，包含了天然翡翠飾品和經過漂白、浸蠟的翡翠飾品。這幾種翡翠飾品按國家標準GB/T16552-1996珠寶玉石名稱，均稱為翡翠。

翡翠飾品加工作坊、廠家日益增多，但對國家標準中所列的五種翡翠飾品（一種天然產品，四種優化及處理產品）的某些加工工藝，沒有一定的準則，對漂白、浸蠟也沒有量的概念，從而為翡翠飾品優化、處理區別造成一定的難度。

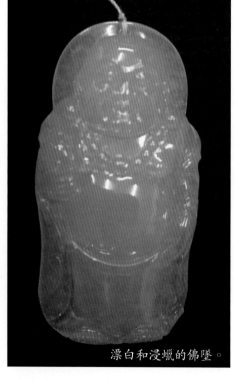

漂白和浸蠟的佛墜。

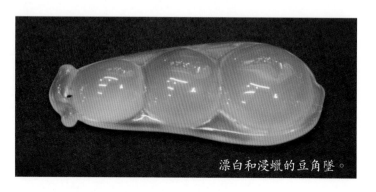

漂白和浸蠟的豆角墜。

在許多翡翠雕件中，浸蠟現象十分普遍，有些翡翠雕件製作過程粗糙，拋光工序減少，然後就使用浸蠟的方法使其光亮度獲得改善。

在實際檢測過程中，存在著有的翡翠飾品質地、顏色很好，不足之處在於局部地方存在深入表層的原生、次生微細裂隙及孔穴，採用的方式多為浸蠟。

漂白後浸蠟優化及漂白後充填處理，大致可透過以下的一些手段和特徵進行判別。

在檢測過程中，對漂白、浸蠟優化（A貨）及漂白後充填處理（B貨）的判別，首先應在反光顯微鏡下對表層進行結構觀察，然後確定紫外螢光性，再對充填物形貌等綜合分析。

漂白、浸蠟或漂白後浸蠟在翡翠飾品加工中均常見。僅漂白是難以判別的，因為漂白產生的結果已被後一道工藝所掩蓋，但浸蠟後所保留的原始質地卻十分明顯。

聚合物充填一般都是在漂白後的基底上進行的，漂白（酸蝕）強度一般都很強烈，表層被浸蝕得溝谷縱橫，浸蠟充填並不能使表層、表面達到完美的外觀效果，聚合物充填可填隙、填平、加固縱橫溝谷，使表面達到完美的外觀效果，並增加透明程度。

翡翠飾品的浸蠟程度直接影響到飾品的品質，過分浸蠟將使飾品耐久性差，佩帶一段時間後表面裂隙、孔穴暴露重現。因此，在生產過程中應該適度，本應該做聚合物充填的飾品，不要做浸蠟處理。

翡翠籽料作假手法揭秘

目前市場上銷售的翡翠原料多是緬甸河床裡的大礫石，也稱為籽料。翡翠籽料真偽的鑑定是整個翡翠鑑定中難度最大、涉及知識面最廣、經驗性最重要的鑑定技術。

其原因是籽料情況複雜，變化多端，真中有假，假中有真，真假難分的情況經常出現。根據北京大學寶石鑑定中心鑑別翡翠籽料真偽的實際工作經驗，總結出了翡翠籽料作假的常見類型和識別方法。

實際遇到的翡翠籽料作假可概括為以下五種類型。

1. 魚目混珠，以假充真

（1）以透輝石大理岩充當翡翠籽料：比如一塊「翡翠籽料」外觀為黃白色帶綠，放

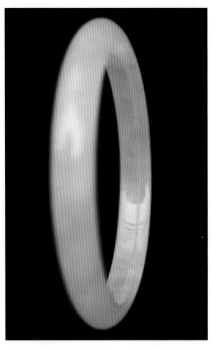

漂白和浸蠟的手鐲。

漂白和浸蠟的觀音墜。

大觀察為粒狀結構，摩氏硬度為3，滴鹽酸起泡。擦出綠色部分，經鑑定為透輝石。原來該「翡翠籽料」實際上是一塊透輝石大理岩。

（2）以角閃岩充當翡翠籽料：一塊「翡翠籽粒」外觀為黑色，似黑烏砂皮，局部帶綠色，放大觀察為柱狀變晶結構，手掂時感覺密度比翡翠小，經測定為2.7克／公分³，主要礦物為角閃石和綠泥石。綠色因角閃石和綠泥石致色。

所以，有些所謂「翡翠籽料」，原來是角閃岩。若細心一點，可從密度、結構等方面確定它不是翡翠，從而避免經濟上的重大損失。

2. 粘貼碎料，假皮掩蓋

去掉一部分假皮後，可見裡面的卵石，原來是普通卵石粘貼翡翠碎料假皮掩蓋，充當優質翡翠。

3. 掏心塗色，以劣充優

用強光檢查，可發現裡面有豔綠色，給人外淺內深的感覺，質地細膩，似高品質的籽料。但經詳細觀察，顏色好似一塊磨砂玻璃的背面塗有綠色，皮殼鬆軟，無翡翠外殼特有的晶粒自然排列的現象，顯然是假皮。

用力敲打，掉下一塊碎片，原來是一些無色質地細膩的碎翡翠料拼貼而成。把一片挖空，塗上綠油漆，然後黏合在一起，外面粘貼假皮，以劣料充當優質籽科。

有的在擦出的綠處用力敲打，表面即破，原來是無色質地較好的翡翠料，從中間挖一個空洞至表皮幾毫米處，然後注入綠漆，用假皮把口貼合。

4. 探孔補洞，假皮掩蓋

用刀剝掉部分皮後，是質地較好的翡翠料，但顏色不佳。為了探測內部情況，先鑽一小洞，見色差或無色，再將該孔補蓋。因開孔較小，不易發現，欺騙性較強。

綜上所述，翡翠籽料作假手法有規律可循：或是以其他岩石的卵石充當翡翠的籽料；或是將其他岩石的卵石切開後，貼翡翠片或粘貼翡翠碎粒，所謂「翡翠籽粒」的主體部分實際上是其他岩石卵石；或翡翠籽料是真的，但作了假，以劣充優。

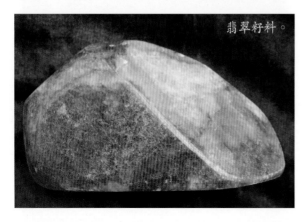

翡翠籽料。

翡翠籽料。

翡翠籽料。

第十一章
翡翠的辨偽要點

遲遲鐘鼓初長夜，耿耿星河欲曙天。

鴛鴦瓦冷霜華重，翡翠衾寒誰與共。

——唐・白居易《長恨歌》

翡翠的鑑定和辨偽雖然有相同之處，但也是有區別的。翡翠的鑑定是科學，翡翠的辨偽則是經驗。翡翠的鑑定是學術的，翡翠的辨偽靠的是感覺。翡翠的鑑定往往是在實驗室內的，而翡翠的辨偽主要是收藏投資實踐。翡翠的鑑定重在鑑真，即對真的判定；翡翠的辨偽則側重於辨假，即對假的甄別。

假翡翠主要有兩大類

如今，翡翠製品頗受收藏家的青睞，正因為翡翠特別是優質翡翠極為稀少，其價值一直在不斷飛速攀升，故許多不法商家製作出假貨。一些人運用技術手法以假亂真或拿B貨、C貨冒充上等翡翠，從中牟取暴利，使不懂鑑別的愛好者望而目迷，心存疑慮，甚至上當受騙。

對收藏者來說，懂得一些簡單的鑑別真假翡翠的基本知識甚為重要。當前，翡翠代用品或稱為假翡翠可分為兩類。

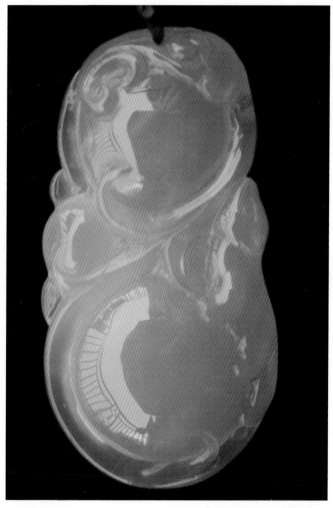

黃龍玉掛件。沈泓藏。

一是用玻璃、瓷料、塑膠製成的仿翠製品，一般稱假貨。由於這些材料在硬度、相對密度、斷口和色彩上與真品相差很大，是比較容易識別的。

如翡翠相對密度較大，為3.34左右，其綠色顯得青翠欲滴，均勻而自然，並有色根，這些是與假貨的主要區別。

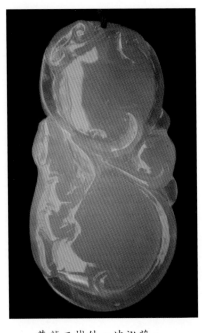

黃龍玉掛件。沈泓藏。

二是用其他綠色玉石來冒充翡翠。如今市場上出現的翡翠贗品主要有澳洲玉（綠玉髓）、密玉、馬來玉（染色石英）、翠榴石（鈣鉻榴石）、爬山玉、獨山玉、貴州翠、烏蘭翠等。還有其他石英岩、大理岩等很多石料經人工染色後也稱翡翠。

上述翡翠贗品不僅在一些物理性能上與翡翠不同，而且在綠色特徵上也有很大區別。如果細心對比觀察，還是能夠加以識別的。

最難辨認的莫過於白翡翠與白玉，兩者均屬於上等玉石，看顏色鑑別不太容易，聽聲音的方法比較適用。此外也可用「哈氣」的方法檢測。白翡翠密度大，朝其哈一口氣，立刻能在其上看到凝結的水珠；而若是白玉，水珠凝結並不明顯。

不過，市場造假者追求的是「超值暴利」，目前極少用白玉冒充白翡翠，收藏者不必過分緊張。

用其他玉石來冒充翡翠倒不是辨偽重點，且有些高品質的玉石並不亞於目前開採的翡翠，甚至比翡翠品質更高。如筆者2007年底到雲南潞西考察，發現那裡有一種剛剛被當地人開發出來的稱為黃龍玉的玉石，除了透度稍弱外，其晶瑩潤澤的感覺並不比翡翠差，人們很容易把它當成翡翠中的黃翡和白翡。

黃龍玉產於潞西黃陵縣，與緬甸翡翠礦相距並不遙遠，是否是緬甸翡翠礦脈的延續，一直有猜想的空間，筆者將進一步探索論證。

無論與緬甸翡翠是否有關係，有一點收藏投資者可以研判：高檔的黃龍玉比普通翡翠收藏價值更高，但市場價格卻相差十萬八千里。因黃龍玉是近兩三年才發現和開發出來的，以前當地人只把它當奇石收藏，後來送到北京有關部門機構鑑定，才發現是硬度很高的玉石。如今即使是當地人，都沒有弄明白黃龍玉到底是什麼東西，可謂養在深閨人未識，價格極低，作為收藏投資，有重大機會，其收藏投資價值和增值潛力均遠遠超過翡翠。

翡翠籽料的真偽識別

翡翠籽料的真偽可從以下幾方面識別。

1. 從皮殼識別真偽

皮殼的作假在籽料貿易中極為常見。不法商人用假皮殼將假的

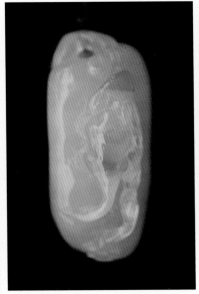

黃龍玉掛件。沈泓藏。

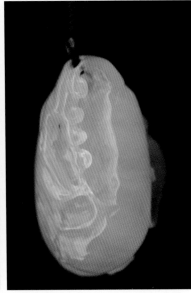

黃龍玉掛件。沈泓藏。

「玉肉」包裹起來，迷惑購買者，所以首先要善於識別皮殼真偽。

（1）**皮殼的外部特徵：**在真實的皮殼上，仔細觀察，有翡翠外殼特有的晶粒自然排列的現象。對於山料，用手指摩擦，有礦物顆粒剝落；對於水石，則皮殼堅實，難以剝落。從整體上講，皮殼比較均一，即使有顏色、細微性等方面的變化，也與周圍部分呈漸變關係。

在鑑定中，假皮殼多是仿製黃鹽砂皮等。由於假皮是將岩石粉碎後用膠黏結在一起的，所以質軟。相對於真實的黃鹽砂皮，假皮殼沒有顆粒感，過於光滑，用手指摩擦時很難剝落；而對於真實的黃色水砂皮，假皮緻密程度差。

（2）**皮殼的物質成分：**假皮的礦物組成透過X光射線粉晶分析、紅外光譜分析和偏光顯微鏡的研究，有的主要礦物為方解石、白雲石、硬玉和石英；有的主要礦物為硬玉、石英和黑鎢礦；有的主要礦物為方解石、白雲石和石英；有的主要礦物成分為鈉鐵閃石，少量的高嶺石，含有機物；有的主要礦物成分為鈉鐵閃石，含有機物；有的主要礦物成分為白雲石、綠泥石，含有機物；有的主要礦物成分為石英，有少量的高嶺石及伊利石；有的主要礦物成分為硬玉、方解石、高嶺石、伊利石，含有機物；有的主要礦物成分為高嶺石、伊利石，含有機物。

水石板殼堅實，難以剝落。

由上述可見，作假籽料皮的主要礦物為硬玉、方解石、白雲石、高嶺石和鈉鐵閃石等，含有機物，而且以硬玉和碳酸鹽為主。

可見，以硬玉礦物為主者是其他翡翠籽料皮殼的粉碎物；以碳酸鹽為主者，是碳酸鹽類岩石的粉碎物，遇稀鹽酸強烈起泡。真翡翠籽料皮殼以硬玉礦物為主，且沒有有機物，這是主要的辨偽特徵。

翡翠籽料上多有「門子」，即打磨後露出翠色的小開口。

2. 從密度識別真偽

作假籽料密度低的原因，一方面是經過挖空處理，另一方面假肉部分的岩石密度要比翡翠密度低。

3. 從「癬」的特徵識別真偽

仿製的「癬」是將黑鎢礦的粉末黏結於皮殼上。真實籽料皮殼上的「癬」具有土狀光澤，一般呈灰黑色，與周圍部分呈漸變關係；而仿製的「癬」則呈深黑色，光滑乾

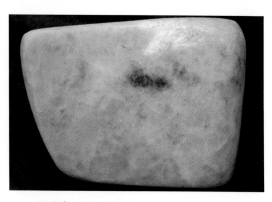

從綠色可識別真的。

淨，具半金屬光澤，與周圍部分截然不同。

4. 從「門子」識別眞僞

翡翠籽料上多有「門子」，即打磨後露出翠色的小開口。識別不同假門子有不同的方法。

如對於貼片的「假門子」，由於「門子」上的翡翠片是貼上去的，所以仔細觀察，可以在外皮上看到一條縫合線。經過挖空處理的「門子」總給人綠色在裡面的感覺，而且敲擊時，挖空處的聲音明顯變弱、變悶，與敲擊周圍未挖空處的聲音不同。

5. 從綠色識別眞僞

貼上去的綠色翡翠碎粒，與周圍假皮關係截然不同。如果是綠色樹脂類物質時，用鋼針極易劃動，具油脂光澤。用鉻鹽浸染的綠色，在查理斯濾色鏡下顯粉紅色。

肉眼鑑別作偽翡翠的方法

如何用肉眼初步鑑別人工處理過的翡翠呢？可用以下四種方法。

（1）**觀察法**：肉眼初步鑑別人工處理過的翡翠，主要觀察翡翠外觀、顏色、水色、透明度、切工等。

（2）**點滴法**：天然翡翠用鹽酸點之，數秒或幾分鐘內，其表面會出現汗珠現象，而人工處理品則無此現象。

（3）**敲打法**：輕輕敲打天然翡翠，發出的是一種清脆悅耳之聲；而敲打處理品，發出的是一種低沉悶啞聲。

（4）**酸烤法**：用濃酸擦在翡翠背面，然後用燒紅的大頭針烤之，反覆進行兩次，若見變黃、變焦的斑點，即為人工處理翡翠。

肉眼鑒別主要觀察翡翠外觀、顏色、水色、透明度、切工等。

若用以上簡單肉眼鑑定法還不能判明，則可進一步應用紅外光譜和紅外顯微鏡法鑑別，這是一種無損、準確、快速的儀器鑑別方法。

如何看顏色辨偽

翠綠色翡翠被視為珍品，並有「色高一分，價高十倍」之說。故翡翠加色技術不斷創新，除了加紅色、紫色之外，僅加綠色的品種，市面上所見至少在四種以上。

貌似天然翠綠色的加色翡翠的價值僅為A貨的千分之一到百分之一，甚至比B貨還低。

不法商人將無色翡翠染成豔綠色冒充高檔翡翠銷售，使一些消費者蒙受較大損失和精神負擔。

早期用鉻鹽加色的翡翠，查理斯濾色鏡下觀察呈紅色（天然的綠色鈣鋁榴石玉也呈紅色），成批的鉻鹽染色硬玉戒面，早在1956年就被美國寶石研究所發現。

現今許多染色翡翠已不用鉻鹽，在查理斯濾色鏡下的特徵與天然翡翠相似，而且穩定性也較好，故查理斯濾色鏡觀察只能作參考。

過去的染色翡翠，可見色劑沉澱於網狀裂紋中，而現在的一些染綠色翡翠已見不到這種現象，所以看不到裂紋中有色劑沉著者不一定就是A貨。

近幾年來，市場上常見一種染不均勻淺綠色的硬玉翡翠手鐲和掛件，冒充天然翡翠銷售。這類飾品色彩柔和，有一定透明度，沒有注膠，分光鏡下437納米吸收線清楚，敲擊聲、紫外螢光特性、查理斯濾色鏡觀察，都和天然翡翠基本一致。

這種手鐲的零售價一般在台幣2500～7500元一只，較受一般工薪階層和旅遊者歡迎。據多次檢測發現，是用一種染料（不是拋光的鉻粉）充填在翡翠的微孔隙中，由於

連年有餘。

有好的顏色卻不一定有好種頭和水頭。

天然翡翠一般無螢光，其中的白綿有的有淺黃色螢光。

光線的映照，染色部分的翡翠整體帶淡綠色。

染色有的整體染，有的只染一部分，有的還伴隨染紫色（又稱「春色」），使一只手鐲呈現幾段淡綠色、幾段淡紫色的特殊品種。

用洗滌劑等溶劑浸泡（必要時加超聲波清洗），可以把大部分染色劑洗掉，但是一般清洗後仍會留下更淡的綠色。

用10倍放大鏡（明顯的甚至用肉眼）可以看到微孔隙中浸染的深綠色絲。染色後又清洗過的翡翠，色較淺，但更像天然的，有較大的矇騙性，不僅一般收藏投資者難於識別，一些有一定商貿經驗的老闆也很難看出疑點。甚至搞珠寶檢測的專業人員稍有疏忽，也可能把這種染色翡翠當天然翡翠出具檢測報告。

在珠寶市場上，翡翠有一點顏色身價就暴漲，不管種頭還是水頭。白地青就是明顯一例。白地青種好水好的在少數，在拍場上可以見到，價格也不低。但在市場上有很多商人用差貨以次充好，讓顧客上當。

在行家眼裡，有色無種價格始終不太高，但是賣給外行人往往能賣出好價錢。有一句話叫外行買色，內行買種，這很形象。有好的地，一般種就好，種好水頭才會好；有好的顏色，卻不一定有好種頭和水頭。所以說種頭、水頭、顏色既是相輔相成的，又是相互制約的。

天然翠綠色翡翠的綠色是其含少量鉻所致。鑑別翡翠顏色是天然還是加色的，較簡便可靠的方法是分光鏡，但有的玉件透光弱或顏色淺，故不易觀察。

對有螢光的翡翠，可用紫外螢光儀檢查。還可用電子探針儀等檢測色體部分的呈色元素，但檢測費用高。

翡翠的紫外螢光效應是鑑定A、B、C貨的重要參考依據。

（1）天然翡翠一般無螢光，其中的白棉有的有淺黃色螢光。

（2）翡翠B貨，多半是充填有機膠，一般有藍白色螢光（充填蠟也有藍白色螢光）。市場上許多八三玉手鐲、掛件B貨具均勻中強的藍白螢光。有的B貨無螢光，可能是充填矽膠等物質的緣故。

（3）市場上大多數染色翡翠都沒有螢光，與天然翡翠相同，但有的也有明顯的螢光。某些螢光特徵對鑑定很有意義。如一種染綠色翡翠發強的黃綠色螢光，染這種綠色的，保存時間較短，綠色褪後呈黃色；一種染紅色的具有較強的橘黃色螢光。

翡翠辨偽的誤區

1. 翠性不能作為辨偽的唯一依據

一些行家的專著中認為天然翡翠有別於其他玉石（包括翡翠B貨）的重要特徵是天然翡翠具有翠性，俗稱蒼蠅翅。但是顯晶質透輝石（如青海翠玉中的透輝石）、角閃石（如緬甸某些黑烏沙中的角閃石玉）等同樣也可以有翠性，而顯微晶質的翡翠一般看不到翠性，故翠性不能作為天然翡翠的特徵標誌。

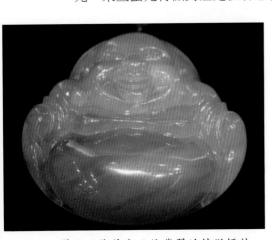

翠性不能作為天然翡翠的特徵標誌。

2. 敲擊聲不能作為辨偽依據

「聽聲」是翡翠辨偽的方法之一。翡翠用硬器敲擊時聲音清脆響亮，呈金屬聲；而雜玉結構疏鬆，敲擊時聲音沉悶。

但現在發現，單純憑敲擊聲不能作為判定翡翠A、B貨的依據。有些翡翠銷售者常以兩隻手鐲輕輕撞擊發出清脆的「鋼」音以示其為天然翡翠，因充填明顯的翡翠B貨的撞擊聲稍顯沉悶。但發出「鋼」音的不一定就是天然翡翠，如透輝石（如青海翠玉）、閃石鈉長玉（如緬甸水沫子玉）等也具「鋼」音。當前市場上出現的某些B貨也可發出清脆的「鋼」音。

網紋不能作為辨偽的唯一依據。

3. 網紋不能作為辨偽依據

經強酸漂洗的翡翠一般都有明顯的孔隙、網紋結構。天然翡翠中受應力作用和風化作用也可以產生明顯的孔隙和網紋結構，與酸腐蝕產生的網紋常難以區分。

因此，「有網紋、麻點和凹坑者肯定是B貨」的意見可能不妥。因此，有專家建議去除「無膠B貨」的概念。翡翠的天然孔隙中可以充填沸石、黏土礦物等；在切、磨、拋光的加工過程中，也可充填礦物粉末或拋光粉。有這些充填物的翡翠並不算B貨，且易識別。

4. 密度不能作為辨偽依據

天然翡翠的密度一般在$3.25 \sim 3.45$克／公分^3，翡翠B貨的密度一般低於3.25克／公分^3，孔隙明顯的天然翡翠，其密度可低至3.15克／公分^3。

當前市場上大量出現的注膠「八三玉」飾品，是用翡翠原生礦製作的，因有天然的裂紋孔隙及雜質，在加工過程中作了酸清洗和注膠，有一定原生孔隙，但一般無明顯的網紋結構，與翡翠B貨差不多。

蜜蜂。

有一翡翠雞心（點測折射率1.66，密度為3.31克／公分^3），經香港歐陽秋眉及內地有關專家分別測定的紅外吸收光譜圖，均得到相同的具有典型樹脂充填的B貨吸收峰，但在顯微鏡下及電鏡放大$500 \sim 2000$倍的照片上只顯示有少量孔隙，且孔隙中未見明顯的充填物。

這種類型被稱為「隱形充填」，這是由於使用注膠片料加工的飾品新形成的表面裂紋沒有充填。所以放大鏡或顯微鏡下未見明顯樹脂充填的不一定就是A貨。對「鑑別翡翠

B貨，相對密度、螢光是指示，結構是關鍵，紅外光譜是結論」的觀點需慎重對待。

5. 對是否是B貨應慎重判斷

有些文章認為B貨的充填物是環氧樹脂。專家吳舜田等（1995）指出，市場上常見到的翡翠B貨充填物是一種樹脂，其他還見有磷苯二甲酸類化合物、聚苯乙烯類等。

有機聚合物是一較複雜的體系，有關專家對一注膠翡翠的紅外吸收曲線資料進行紅外光譜儀記憶體資料檢索，經果打出25種特徵接近的有機物名稱。有些人認為經過傳統的充蠟處理的翡翠不屬於B貨，仍可視為A貨。但很多人認為充填的蠟多，應屬B貨。此意見應予考慮，因為有些多孔隙的翡翠，充膠和充蠟的視覺效果差不多，具有同樣的欺騙性。

顯微鏡（包括透射、反射顯微鏡）對翡翠結構和充填物的觀察一般是簡單有效的。

紅外吸收光譜和拉曼光譜（後者更具優越性）不僅基本解決了充填有機物的鑑別問題（包括蠟與膠的區別），還可以確定礦物成分。

6. 鑑定合成翡翠不能迷信傳統的鑑定方法

人造翡翠上市，在20世紀90年代初就有報導。根據有關資料顯示，合成翡翠的礦物質、化學成分、結構、顏色、密度、折射率及紫外螢光性、紅外吸收光譜、X光粉晶衍射分析等資料，均與天然翡翠相同。

但市場上很少見到合成翡翠飾品的檢測報告，有關專家呼籲檢測部門應重視此種現象。

是澳洲玉還是翡翠？

翡翠與其他玉石的辨別

市場上有很多假翡翠，有的是岫玉仿造的，有的是塑膠偽造的，還有一種很能欺騙人的是馬來西亞玉。因此，在收藏投資實踐中，翡翠與其他玉石的辨別就顯得十分重要。

1. 與澳洲玉的區別

澳洲玉，又稱南洋玉，因盛產於澳洲而得名。由於顏色翠綠，頗得人們喜愛。它有一定的透光性，顆粒細，價格較低，曾經迷惑了一些人。其實它是一種隱晶質的二氧化矽，在礦物學中稱玉髓或石髓。

澳洲玉嚴格來講不能稱為玉，應是綠色的玉髓，它的外觀頗似翡翠，但與翡翠有很多的不同之處。

（1）澳洲玉的顏色太均勻，呈生蘋果綠，很少深綠色，很像塑膠。這是因為澳洲玉為隱晶質石英，其綠色均勻稚嫩，無翠性，綠色偏黃，有漂浮感。

（2）憑藉放大鏡觀察，其拋光面無橙皮紋，絕對看不到翠性。

（3）相對密度為2.60的澳洲玉比翡翠的相對密度（3.24～3.43）輕得多。

（4）澳洲玉的折射率為1.55，比翡翠的折射率為低。

2. 與黃龍玉的區別

黃龍玉是近年發現的產於雲南黃陵縣的一種玉石,主色為黃色,且透性好的玻璃種為多見。黃色的和黃翡翠很像,白色的和玻璃種、冰種、鼻涕種很像。

其主要區別是,無論白色還是黃色,黃龍玉比起翡翠來,顯得有油性,就像是介於翡翠和和田玉之間的透度。

3. 與東陵玉的區別

東陵玉也叫密玉。珠寶市場上常見一種具有中等綠色(其深淺有所變化),呈半透明狀的串珠(也偶有雕刻成擺件),由於有一定的綠色,價錢又不高,頗受女士們的青睞。

這類串珠究竟是什麼呢?如詢問賣主,往往回答說這是印度出產的東陵玉。東陵玉,亦稱東陵石,最早產於印度,故又名印度玉。中國河南亦有產出,有人稱之為密玉,然而正確名稱應為耀石英。

東陵玉與翡翠不同之處有:

(1)用透視光可見東陵玉內有平行排列的綠色鉻雲母片。側視之,常形成一條綠線。在查理斯濾色鏡下觀察,綠色鉻雲母呈現紅色。

(2)東陵玉的相對密度為2.65,比翡翠的相對密度小得多。用手便可掂量出來。

(3)東陵玉的平均折射率為1.55,比翡翠的折射率為低。

(4)東陵玉為石英質,暗綠色。

4. 與馬來玉的區別

20世紀80年代,在玉器市場上出現一種綠色鮮豔而又均勻的玉石,用這種玉石做成的串珠或戒面曾經矇騙了不少人,以為它是難得的高檔翡翠。這種玉石究竟是什麼呢?它被稱為馬來西亞玉(簡稱馬玉,亦稱馬來翠)。其實這只不過是名稱而已,馬來西亞玉並不產於馬來西亞。

它根本不是馬來西亞出的天然玉石,而是一種仿半透明至不透明寶石的玻璃料。

這種玻璃料在國際上已出現多年,在美國叫「人工合成石英利石」,又稱「準玉」,日本稱之為「改良玉」。

1987年前後,這種合成玻璃料在中國雲南邊境出現。當時銷售者無意冒充翡翠,只

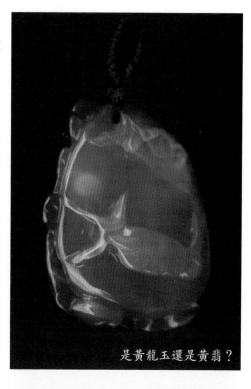

是黃龍玉還是黃翡?

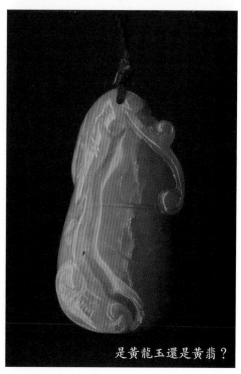

是黃龍玉還是黃翡?

是作為人造工藝品和人造首飾進行銷售，以達到美化人們生活的目的，所以售價很低。

為保守產品供應地的秘密，玉商不願說出實際生產地的國名，就隨便給它起了一個名字叫「馬來西亞玉」，以搪塞客戶。誰知由於它仿天然翡翠的效果極佳，一上市就引來人們爭相購買。

怎樣區分馬來玉和翡翠呢？鑑別馬來玉時，可以發現馬來玉與翡翠存在明顯的不同之處。

一是肉眼觀察，馬來西亞玉的顏色過於鮮豔而十分不自然。

二是馬來西亞玉的相對密度為 2.65，遠小於翡翠的相對密度 3.24～3.43。

三是馬來西亞玉的平均折射率為 1.55，比翡翠的折射率為低。

四是雖在查理斯濾色鏡之下顏色不是紅色，但在十倍放大鏡下觀察，可觀察到染色劑存在，即顏色很浮，是染色的現象。可見到顏色包藏在石英集合體裂縫中，其綠色呈網狀，且不均勻，無色塊和色根，相對密度較小。

五是用肉眼或放大鏡觀察素面型戒面的反面（平的一面），可見到此面中心因熔融玻璃澆鑄後在冷卻過程中收縮而形成的凹面；表面還可見輕微的小坑和不平坦狀。

六是在饅頭形拋物面上見不到人工琢磨加工的痕跡，有時在邊緣還能見到鑄模時留下的邊。這些現象翡翠沒有。

5. 與軟玉的區別

我們經常聽到有諸如和田玉、岫玉、臺灣玉、加拿大玉，以及羊脂白玉、碧玉、青玉、墨玉等名稱，它們是屬於礦物學中稱為軟玉的集合體。

軟玉在我國古代典籍中未曾被提及，系來源於近代礦物學中。軟玉是由角閃石族礦物組成的特殊集合體。根據其顏色，軟玉可劃分為：白玉、青玉、碧玉、墨玉、黃玉、糖玉等幾個重要品種。

軟玉的相對密度和硬度都低於翡翠，軟玉與翡翠的不同之處有如下幾點。

（1）軟玉顏色比較均勻，有白色、暗綠色、黑綠色等，無鮮綠色。

（2）軟玉呈油脂光澤，無翠性，比翡翠顯得光滑潤澤。

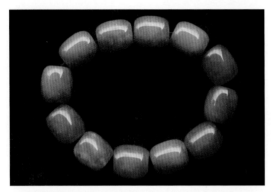

是東陵玉還是翡翠？

是和田玉還是翡翠？

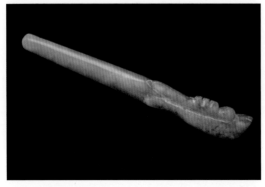

是岫玉還是翡翠？

（3）軟玉的相對密度（3.00）比翡翠的相對密度略低。

（4）軟玉的折射率（1.62）亦比翡翠的折射率略低。

6. 與水磨子的區別

水磨子也寫為「水沫子」。近些年來，在雲南昆明、瑞麗、騰衝等地和內地的一些大城市的珠寶市場上，出現一種水頭很好，呈透明或半透明的冰種玉石。它的顏色總體為白色或灰白色，具有較少的白斑和色帶，分佈不均勻。這種玉在雲南當地被稱為水磨子，帶有色調偏藍的色帶者被稱為水地飄藍花，常被加工成手鐲、吊墜和雕件在臺灣市場上出售。

其實水磨子的主要礦物成分為鈉長石，其次有少量的輝石礦物和角閃石類礦物。簡易鑑定可採用下列幾種方法。

（1）放大觀察法：水磨子主要由鈉長石組成，不顯翠性，並有較多白色的石腦或棉。

（2）手掂法：水磨子的相對密度（2.57～2.64）比翡翠的相對密度小得多，用手掂之，比翡翠具明顯的輕飄感。

（3）測定折射率法：水磨子的折射率（1.52～1.54）遠比翡翠的折射率小。

總而言之，瞭解了翡翠的特性，就可以掌握翡翠與類似石的區別。

7. 與翠榴石的區別

翠榴石色散比翡翠強得多，完全透明，且綠中具有較濃的其他種色調。

8. 與爬山玉的區別

爬山玉水頭足，綠色呈斑狀、塊狀、條狀分佈，不鮮豔且飄灰藍色，沒有暈色，與地子有明顯界限，硬度較翡翠低，結構不細密，多天然隱性裂紋。

9. 與獨山玉的區別

獨山玉色暗，地子水短乾燥。

10. 與烏蘭玉的區別

烏蘭玉外觀粗糙，拋光性能差，敲擊時聲音沉悶（而翡翠則清脆），暗綠色，光澤不明亮。

11. 與祁連翠的區別

祁連翠以其誘人的豔綠顏色引人喜愛，在20世紀80年代末剛剛問世時曾興盛一時。玉雕廠家將其加工成工藝品、手鐲、戒面等兜售到南方城市，商店用其冒充「緬甸翡翠」賣給消費者。如一般較好的祁連翠手鐲可賣10000～15000元台幣，不少廠、商從中牟取暴利，使珠寶市場一度出現混亂，同時也更激發了祁連翠的開發利用。

現在市場上銷售的祁連翠製品，都還原了它本來的名字「祁連翠」，它的價格也趨於合理，與一般玉石價格近似。

是翠榴石還是翡翠？

翡翠鑑定辨偽是一件很複雜的事，目前用肉眼鑑別還有一定困難，最好是經儀器鑑定。在購買翡翠時，要問清商家是什麼貨，有無貨真價實之保證。尤其在買中高檔翡翠時，商家的保證是最重要的條件。

第十二章

翡翠的種類等級

東風夜放花千樹，更吹落，星如雨。
寶馬雕車香滿路。
鳳簫聲動，玉壺光轉，一夜魚龍舞。
——宋·辛棄疾《青玉案》

白地青種。

在翡翠收藏投資熱潮中，越來越多的收藏者關心翡翠的種類和等級，因為翡翠的種類和等級不同，價值有天壤之別。如百姓傳家寶的翡翠，即使等級不差，但比起昔日宮廷帝王玉，也有很大差距。

今日，越來越多的人感受到了翡翠無窮的魅力。配飾、把玩、收藏、饋贈翡翠已成為當今的一種時尚。翡翠能否增值、能否世代相傳，更成了理性收藏者投資翡翠關注的焦點。因此，收藏投資翡翠，必須要瞭解翡翠的種類和等級。

翡翠的主要種類

翡翠主要有如下種類。

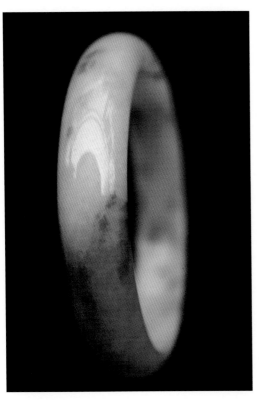

花青種。

1. 老坑種

顏色符合正、濃、陽、均的翡翠就可以成為老坑種。老坑種主要用來形容翡翠的顏色，這種濃綠色分佈均勻，濃度高而且鮮豔，一般質地較細，不一定很透明。假使透明度高，水分充足，會使翡翠的顏色質感更好看，行家稱為起瑩，就成為老坑玻璃種了。

老坑玻璃種可以說是最高檔的翡翠的稱呼，當然老坑玻璃種本身也有品質相對高低之分。

2. 白地青種

白地青種是緬甸翡翠中分佈較廣泛的一種。其特徵是質地較細，往往是纖維結構，並且底色一般較白，當然有時也會有一些雜質。白地青種的綠色是較鮮豔的，因為底色較白，更顯綠白分明。綠色部分大多數以圓塊狀出現，這幾方面都是和花青種不同的。

白地青種大多數不透明，也就是行家說的水分不足，他們認為這是一個新的品種。

3. 花青種

花青種指的是綠色分佈呈脈狀的，而又非常不規則的一種翡翠，其底色可能為淡綠色或其他顏色，質地可粗可細。

例如豆底花青，它的結構晶粒較粗，稱為豆底。它不規則的顏色，有時分佈較密集，也可能較疏落，可深也可淺，這類翡翠因此被稱為花青種。翡翠的顏色分佈大多數是不規則的，所以花青種比較多是不足為奇的。實際上分細些，花青種可以進一步分為：豆底花青、馬牙花青、油底花青等。

4. 油青種

油青種翡翠是指翡翠綠色較暗的一種，顏色不是純的綠色，滲有灰色或帶一些藍色，故不夠鮮豔，也可講顏色很沉悶。它的顏色可以由淺至深，透明度一般較好，晶體結構往往是纖維狀，可以比較細，由於其表面有油脂光澤，故稱為油青種。如果它的顏色較深，行家又稱之為瓜皮油青。

南方人一般不大喜歡油青種，油青種在北方比較受歡迎。

油青種。

未經充填和加色處理的天然翡翠玉件
稱為A貨。

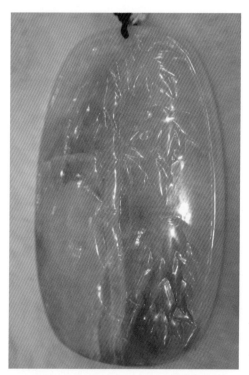

顏色鮮豔的B貨看起來無雜質，通
透漂亮。

翡翠A、B、C、D貨的標準

過去市場上並沒有翡翠A、B、C、D貨的概念，因為當時銷售的翡翠都是天然翡翠。直到20世紀80年代以後，一些不法商人利用非物理方法處理低檔次翡翠以牟求暴利，才有了A、B、C、D貨的分別。

翡翠A、B、C、D貨作為近20多年才興起的翡翠鑑別分類，現已漸漸成為收藏者必須瞭解的常識。

在珠寶業界專家的眼裡，翡翠的A貨、B貨、C貨都是天然翡翠，這是它們在質地上的共同特點，但是它們也存在著不同，並由此導致價格上的巨大差別。

隨著翡翠市場的升溫，造假者的手段也越來越高明了，僅憑肉眼和經驗要想分辨出翡翠產品的優劣是很有難度的，真正要確切地鑑定還得借助於科技手段和先進的技術，如查理斯濾色鏡、高倍放大鏡觀察，測量密度和熱導係數以及紅外光譜拉曼測驗等。

在翡翠商貿中，對翡翠A、B、C貨的定義已取得共識。

1.A貨

未經充填和加色處理的天然翡翠玉件稱為A貨。A貨是指以天然翡翠原石為原料，在成品加工過程中只透過機械加工手段（物理方法），例如切割、打磨、雕刻、拋光等，製成的翡翠產品。

翡翠A貨是指沒有經過人工優化處理的天然翡翠，無任何人工處理痕跡，這種翡翠能長期存放和佩戴，絕無退色和變色現象。也就是說，除了常規的玉器加工程式外，不進行其他人為的優化處理的翡翠，原來是什麼樣還保持什麼樣。

翡翠A貨因原料及成品全為真品，沒有一點人工作偽，貨真價實，屬於高檔的翡翠，具有最大的收藏價值和保值性、投資性。

翡翠A貨不但是物質財富，也是精神上的財富。因為這類高檔翡翠製品十分稀少，而且愈來愈少，即使做翡翠貿易的人，也很少遇到過這類產品中的優質品種。

它的價格節節上升，致使一些最高檔次的翡翠製品，如手環、馬鞍戒戒面、項鍊及一些翡翠藝術品，其價格可達幾十萬到幾百萬元，甚至幾千萬元台幣。

2. B貨

B貨是指在加工過程中對底灰黑而髒、水頭差的原料進行化學方法處理，去除雜質、雜色製成的產品。

B貨的礦物成分是天然翡翠的成分，顏色是天然的，但充填的膠老化後會影響顏色的明亮鮮豔程度，影響透明度、光澤等。有天然污點的翡翠經人工酸蝕去除污點後，高壓灌膠製成的B貨，顏色鮮豔，看來無雜質，又通透漂亮，價格便宜，暢銷已有十多年。

用強酸浸泡過的翡翠也稱為B貨，是為了達到溶解翡翠晶粒與晶粒之間存在的雜質，使翡翠比原來更乾淨、更透明、綠色擴散得更大，從而看起來更漂亮的目的。

翡翠經過強酸浸泡後，內部結構受到一定的破壞，變得不那麼牢固，所以要用環氧樹脂處理，讓環氧樹脂滲入翡翠內部，乾了以後起「加固」作用。

由於環氧樹脂乾了以後無色透明，所以翡翠B貨用環氧樹脂「加固」以後仍然那麼漂亮。但環氧樹脂是有機化合物，時間長了要老化。這種翡翠由於被破壞了原有的物理結構，在兩三年內會逐漸失去光澤，老化後顏色會逐漸變黃，同時產生許多龜裂紋。

這些裂紋對光照產生散射作用，影響了翡翠顏色的視覺效果。一般情況下，5年後裂紋開始起作用，會讓人感覺綠色「褪」了不少，時間越長裂紋越多，翡翠戒面上的綠色也越來越少。

顯然，B貨有它的缺點，對B貨的物理、化學處理為的是提高翡翠的檔次，但透過處理已破壞了翡翠的結構，使它變得疏鬆，降低了它的品質，改變了它的一些光學及物理性能。灌膠後的B貨年深日久會發生龜裂，失去它的耀眼光輝，相對也就失去了它的保值價值。

經過物理和化學染色處理的中下等原料是C貨。

如果只是為了佩帶，不考慮保值，買B貨也是可選擇的。

3. C貨

C貨是經過物理和化學染色處理的中下等原料。C貨處理方法與B貨的不同之處為，翡翠上可能無色或綠較淺淡、較散，又用人工方法加色。

但人工加入了顏色的翡翠遇到較高的溫度就會脫色。即使是沒有外力作用，時間久了C貨的綠色也容易退。

對比B貨來說，C貨就是更次一等

市場上大量手鐲是用八三玉製成的。

的翡翠。B貨翡翠的顏色是原來就有的，而C貨是用無色翡翠浸色而成的。

如果原翡翠有點翠綠，然後又染上濃綠，則這種翡翠也稱為C貨。這種貨在中低檔商場中有，更多出現在地攤中。

如同時存在充填和加色處理的，稱為B＋C貨。

C貨與B貨之區別在於：B貨只去髒增水而不人工上色；而C貨有時不僅要去髒增水，而且要人工上色。

光線穿透力較弱，就像玻璃膠的感覺是B貨。

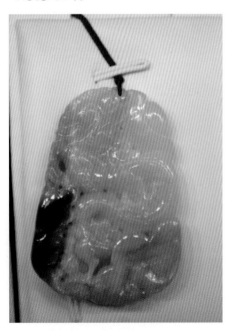

有樹脂的光澤。

4.D貨

D貨嚴格說不是翡翠，它是相似於翡翠的其他石料或人工合成的像翡翠的玻璃料。

常見的似翡翠石料有八三玉，是產於緬甸北部的長石和硬玉混生岩石，質地並不好，但經灌膠充填裂隙後酷似翡翠。市場上大量手鐲是用八三玉製成的。

還有一些掛件也用八三玉製成，與中檔翡翠手鐲的成色極為相似，但價格是中檔翡翠的幾分之一或幾十分之一，這種D貨翡翠有裝飾價值。

瞭解B貨是鑑定的關鍵

瞭解翡翠B貨，重點是要瞭解其製作過程及鑑定方法。

早期的B貨製作，主要目的是脫黃。由於翡翠的表面常會有一層黃色的鐵染物質，影響翡翠的外觀，通常的方法就是將翡翠浸泡在強酸中，經過一段時間，它表面的黃色即可去掉，這種過程叫脫黃。

初期的B貨經酸洗處理後，再洗乾淨，然後上蠟，粗看與正常翡翠沒什麼分別，但當受到溫度的影響時，所上的蠟就容易脫落，表面的裂隙很快會顯露出來，所以初期的B貨十分容易檢驗出來。

現在翡翠B貨的製作水準得到了很大的提高，技術也不斷地改善。為了在收藏中準確鑑定翡翠，有必要瞭解其製作過程。

（1）首先要選種，不是任何種質都可以的。

（2）選擇強酸溶液，現在一般用鹽酸，將需要處理的翡翠洗淨放入浸泡。種質不同，所需要的時間也不同，一般需2～3個星期。由於強酸的侵蝕，翡翠原來緊密的結構會遭到破壞而成鬆散狀。

（3）將經過酸處理的翡翠洗淨。這時翡翠表面及內部已形成蜂巢狀，結構變得十分鬆散，所以需要用黏結力極強的環氧樹脂膠結起來。

（4）加熱固結，將用環氧樹脂膠結的翡翠用錫紙包住放在微波爐中加熱，一方面使多餘的樹脂流出，同時加熱後也會使環氧樹脂固化。

（5）最後用刀將肉眼能看到的凸出的環氧樹脂部分切割去，拋光。

經過漂色的翡翠顏色一般顯得較鮮豔，但不太自然，有時會使人感到帶有黃氣，具有樹脂的光澤，結構也顯得鬆散，有的晶體會被錯開、位移。

A貨光線的穿透力較強，晶瑩剔透，在蒼蠅翅處反光很強；B貨的光線穿透力較弱，比較模糊，就像玻璃和玻璃膠的感覺。

現在人工處理翡翠的技術越來越高超了，要正確鑑定亦相應變得困難。收藏者要多看實物，熟練掌握翡翠的各種特徵，方能將之識破。

何謂「八三玉」

八三玉是1983年在緬甸北部發現的一種新型的玉類。民間也稱「巴山玉」「爬山玉」。

據硬玉專家胡家燕介紹，八三玉的岩石學名為「蝕變硬玉岩」。具半自形—他形粒狀變晶結構、纖維狀變晶結構，條帶構造、碎裂構造、裂斑構造、糜棱構造、角礫構造。硬玉礦物受擠壓、變形、波狀消光及硬玉的再結晶現象十分明顯。硬玉礦物結晶細微性一般在1毫米以上，最大的實測達4毫米。

八三玉的結構、構造、礦物特徵綜合反映了蝕變硬玉岩是受到了強烈地質應力作用的結果。因此，八三玉的顯微裂隙、微裂隙及晶粒間的晶間隙都十分明顯，硬玉解理在變形過程中呈張性裂開也十分普遍。

很多擺件是用八三玉製作的。

葡萄。

龍馬精神。

八三玉料的原始透明度與晶粒大小、裂隙發育程度、蝕變等因素有關，晶粒大、裂隙少、蝕變弱則較透明，一般呈不透明至微透狀，優化處理過的八三玉呈半透明狀。

八三玉的顏色以乳白、灰白、淺綠為底色，底色中常嵌布著綠、暗綠或墨綠色的雲朵狀、浸染狀、團塊狀色斑，猶如飄花。

八三玉由於內在結構疏鬆，大部分需要優化處理，一般用聚合物充填方法使八三玉內部及外表達到完美。因此，八三玉也有「B貨」的概念。

八三玉「B貨」一出現就被初識玉的消費者接受。主要原因是八三玉「B貨」有很好的外觀和便宜的價格。

八三玉「B貨」中，玉鐲是主打產品，底色多呈乳濁白色、淺綠色，半透明狀，常有綠、暗綠色飄花，紫外線下具藍白螢光，有稻田乾裂結構，敲擊玉體發音沉悶。

為使八三玉「B貨」玉鐲質地、色澤能保持得長久一些，應避免有熱水浸泡，不能在太陽下暴曬，要經常用濕毛巾擦洗，吹乾後在絨布上拋光，切忌用有機溶劑（酒精、香蕉水）擦洗。

很多擺件是用八三玉製作的。

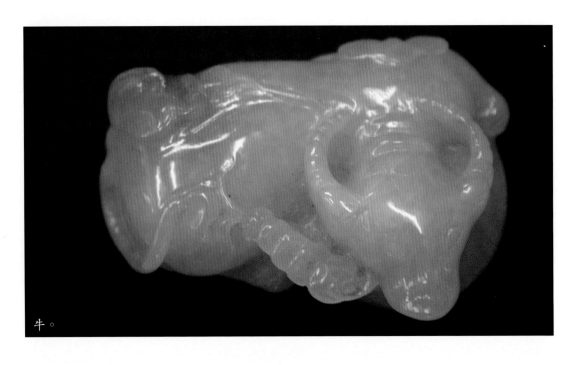

牛。

傳世翡翠值得收藏

高等級的翡翠可以作為傳世翡翠，傳世翡翠最值得收藏投資。

翡翠廠商要確保所售翡翠具有傳世的性能絕非易事，在這背後是需要深厚的知識和技術功底支撐的。製作傳世翡翠的關鍵在於選料。民仁福董事長馬崇仁說，尋覓傳世翡翠的料源是個很艱難的過程，因為這種材料還占不到翡翠總量的1%。

翡翠與單個礦物晶體的寶石不同，它是由許多礦物晶體組合構成的岩石。當它們歷經了諸如變質作用、表生作用等一系列地質作用之後，由於所處的地質環境不同，就出現了千差萬別的變化，翡翠種質之間往往也有著天壤之別。

性能穩定的翡翠才能夠歷經多年而不變，這需要三個基本的條件：

第一是組成翡翠的礦物顆粒要很細微，結構要緻密堅硬，肉眼難於看清礦物晶體輪廓和礦物之間的間隙。這些都是老種翡翠的特性，這樣的翡翠性質就相當穩定。

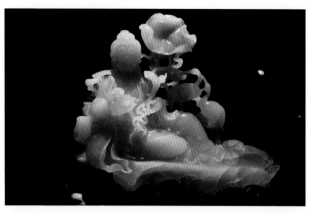

製作傳世翡翠的關鍵在於選料。

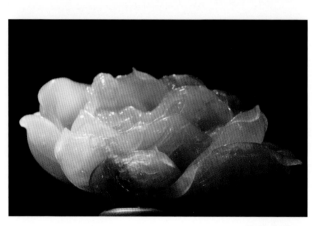

荷花觀音。

這種微晶結構的翡翠是極其稀少的。因為翡翠在地殼深處形成時一般會發生重結晶作用，生成粗大如豆的變斑晶。礦物顆粒越粗，晶體的間隙越大，其結構也就越疏鬆。這就是種嫩的翡翠，俗話說「十種九豆」，絕大多數都是如此。

第二是在表生地質作用下，翡翠吸納了一些次生礦物質並充填到礦物的晶隙中，使翡翠變得密實，提高和改善了翡翠的種質，從而增加了翡翠的穩定性。

第三是在翡翠色帶的周邊及延伸處要有二價鉻和二價鐵成分的表現存在。因為鉻元素是翡翠綠色的致色元素，當翡翠中三氧化二鉻的成分達到2%左右時，翡翠就會呈現綠色。

如果鉻元素以二價的形式存在，那麼在人體這個生物場的長期作用下，翡翠中的二價鉻就有可能被氧化成三價鉻，從而使綠色的部位變得越來越多。這就是有人能將綠色或葱色「養」出來的原因。判斷翡翠料石上有沒有二價鉻是有一定困難的，需要有豐富的經驗。

傳世翡翠最適合人體配飾，因為它最能表達「人養玉、玉養人」的玉文化理念。

油青翡翠葫蘆墜。

翡翠龍種。

翡翠名詞知識

關於翡翠的種類和等級，應瞭解如下名詞和知識。

1. 油青

油青為一種質地細膩、通透度和光澤看起來有油亮感的翡翠。分兩種，其一為暗藍色調，水很好，燈光下觀察為藍灰色調，不帶綠色調；其二為藍綠色調，燈光下為綠色調，水好。

透過分析可知，前一種油青翡翠不含鉻，而含1%以上的二價鐵離子；後一種油青翡翠含微量鉻及鐵。另外，還有一種色調暗綠的「油青翡翠」，其硬度、相對密度、折射率均與翡翠差別很大，經研究發現，其主要含量為綠輝石，次為硬玉，不含鉻，但含鐵，應稱「綠輝石玉」或「綠輝石翡翠」。

2. 翡翠龍種（神種）

龍種或神種是指翡翠的綠色完全溶化於地內，綠色均勻，色地配合協調。色調不濃不淡，不見色根。從翡翠的地內顯露出豔麗潤亮的華貴美，是翡翠最高品質的品種。

3. 翡翠的色根

在一件全綠翡翠飾品上，見一點或一細條略深一些的綠，這略深一些的綠漸過渡到相對而言較淺的綠內，稱色根。色根是判斷翡翠綠色真偽的一個標誌。但特級翡翠一般綠得非常均勻，沒有深淺之分，是沒有色根的，色根多了還影響它的品質及價格，故在鑑定評價時應綜合考慮。

4. 開門子

開門子也稱開天窗。翡翠原料一般被一層皮包裹著，看不出其內部種質的好壞，故須在原料上切割一

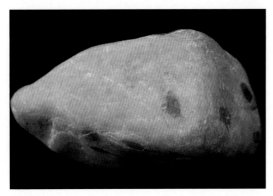

開門子。

片下來以供觀察，這種現象稱為開門子。

擦口指在翡翠原料上用銼刀或砂條把皮擦掉，露出翡翠來，以觀察它的品質。但切口或擦口處均為翡翠的局部，並不能代表翡翠的全部。從局部開口處來估計推測其內部種質的好壞，是否有綠等，是一門很高的技術。

5. 翡翠的場口

場口就是翡翠的產地。緬甸翡翠產地也稱礦區或場區，共分六個場區，每個場區又分許多場口。各個場區所產翡翠，外觀、品質、顏色都有各自的特點。

場區又分老場區、新場區及新老場區。

6. 春帶彩

春指紫紅色的翡翠，紫色翡翠也稱紫羅蘭；彩代表純正綠色。春帶彩是指一塊翡翠上或一件翡翠首飾上有紫有綠。

目前春帶彩的翡翠料已十分稀少，在1991～1992年出產的高等級凱蘇原料上，見有紫、有綠、水好的原料，但半年就挖完了。好的春帶彩翡翠價值很高。

7. 五彩玉

五彩玉就是在一塊翡翠原料上或在翡翠飾品上有四種以上顏色，如綠、紫、藍、白等。在評價時，除其他條件外，主要看綠色的多少及水頭的好壞等。若綠色比例較大且水好，此五彩翡翠是非常值錢的。

8. 馬來玉

馬來玉也稱馬來西亞玉、呂宋玉等。是一種人造仿翡翠製品，主要礦物為石英，為純石英或石英晶體熔化加入著色劑製成。1988年左右在泰國、緬甸及中國雲南邊境一帶開始流行，銷路不錯。

開始時許多人上當受騙，有些人為馬來玉傾家蕩產。後來不法商人把綠色石英岩、澳洲玉、東陵玉及綠色玻璃通通稱做馬來玉，不過有經驗的收藏者用肉眼即可準確辨別。馬來玉是一種低檔的人造仿翡翠製品。

9. 水沫子

中緬邊境經常見到白色、透明度很好的玉，這種玉稱為「水沫子」，它常帶藍或藍綠花。水沫子的致色物是按一定方向排列的陽起石、綠簾石，白棉多，水頭很好，總體色彩為灰白或白色。

春帶彩。

水沫子。

水沫子的礦物成分主要為鈉長石；次要成分為硬玉、綠輝石、透輝石等。

水沫子是一種與翡翠共生的玉種，水頭好，半透明至透明狀，常呈玻璃種、冰種，顏色乳白、乳黃白色，帶有似雲霧狀的綠色條帶，與「飄藍花翡翠」外貌十分相似，極易混淆。

10. 沫子漬

沫子漬是一種產於緬甸，在雲南邊境常見的灰綠色、水頭差的石頭。

沫子漬因顏色深濃，往往被做成薄片飾品。

沫子漬的主要礦物成分為鈉鉻輝石，次為硬玉、綠輝石、鉻硬玉、藍閃石等。其中有一定透明度的具玉感的才稱鈉鉻輝石玉。

11. 不倒翁

產於緬甸北部葡萄地區，因地名而得名。綠色呈條帶狀、斑點或斑塊狀，一般透明度較好，少數較差。

主要礦物為水鈣鋁榴石，次為黝簾石、符山石及閃石類等，實為水鈣鋁榴石玉。濾色鏡下變深紫紅色為其主要特徵。

有的地區還產一種在濾色鏡下顯紫紅的玉石，此種玉透明度較好，呈藍色或藍綠色，主要礦物為蛋白石、石英、玉髓。實際上應稱蛋白石英玉，應與水鈣鋁榴石嚴格區別。

12. 困就

產於中緬邊境一帶，透明至半透明，灰藍或藍灰色，顏色呈團束狀、帶狀。主要礦物為透閃石、陽起石，少量為鉻鐵礦等，實為軟玉。

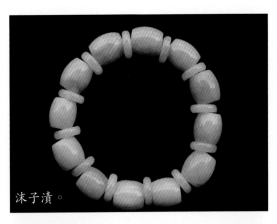

沫子漬。

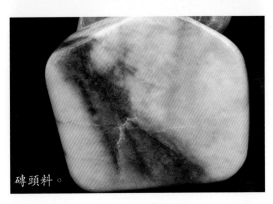

磚頭料。

13. 磚頭料

磚頭料是指一些透明度差、雜質多、有綠或無綠的翡翠原料。磚頭料通常以公斤賣，只能作為一般的旅遊工藝品的低檔原料。

14. 花牌料

是指一些點綠、花綠、有一定的水頭或無綠但水很好的中檔翡翠原料。

15. 色料

是指高檔、特高檔的翡翠原料，能做高檔戒面、手鐲等飾品。

有些大塊正綠的巨形翡翠原料也稱色料。

磚頭料或花牌料、色料在切割的過程中會有變化。有時一塊不顯眼的磚頭料，切開後卻出現團塊狀飽綠；一塊色料看似很好，但切開後卻根本不能做高檔首飾，這也是常有的事。

第十三章
翡翠的實用功能

鬥鴨欄竿倚，碧玉搔頭斜墜。
終日望君君不至，舉頭聞鵲喜。
——南唐·馮延巳《謁金門》

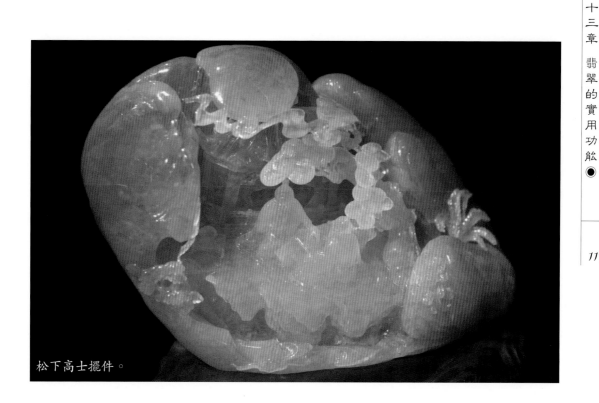
松下高士擺件。

翡翠的實用價值主要是佩戴，其次是鑑賞，第三是養生。翡翠的實用價值與審美有關，與身體健康和精神愉悅有關。

在我國古代，人們佩戴翠玉以驅災避險。從心理健康方面看，這可以看做對美滿生活的嚮往，對養生益壽的祈求。此民間傳統延續至今，在中國南方，尤以粵、閩、港、台等地較為普遍。

總的說來，翡翠中的化學成分有利於增強人體免疫力，提高新陳代謝功能，從而改善身心健康。其機理與盛行的磁療片、保健手錶、健身球等類似。

翡翠實用價值蘊涵的文化

翡翠的實用價值與翡翠文化密切相關，人們喜歡佩戴翡翠，這在中國是有文化傳統的。翡翠墜至今流行，行家叫翡翠花件，古人稱其為玉佩，清代叫別子。

《禮記》講：「古之君子必佩玉，右徵角，左宮羽……」一般來說，男人在腰上佩

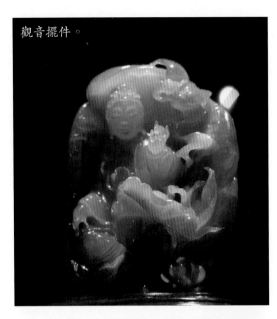

觀音擺件。

觀音掛件。

戴，女人在胸前佩戴。到了清代，人們時興戴香囊、荷包，常常在荷包、香囊上拴一個玉佩，別在腰帶上。因此，清代把玉佩叫成別子，並開始生產翡翠別子。

現在的故宮博物院裡，能看到當時宮廷收藏的極品翡翠別子。翡翠墜最講究吉祥寓意，雖然質樸單純，但「圖必有意、意必吉祥」卻是幾千年玉文化的精髓。大概從唐代開始，以下很多的題材寓意就已經成型了。

翡翠墜的題材有很多，最受人喜愛的題材有：「福豆」，以翡翠雕成豆角，據說寺廟中常以豆角為佳餚，和尚稱其為「佛豆」；「連年有餘」，雕荷葉（蓮）、鯉魚（餘），有的還有童子騎在鯉魚上；翡翠辣椒，寓意紅紅火火；「福至心靈」，雕靈芝如意（靈）、蝙蝠（福）；「福壽」，雕蝙蝠（福）、壽桃（壽）；「福在眼前」雕蝙蝠（福）、金錢（前）；「福壽」，雕佛手；「福祿」，雕葫蘆；「福祿壽」，雕葫蘆（福祿）、小獸（壽）；「馬上封侯」，雕一馬（馬）一猴（侯）；「雙歡」，雕兩隻首尾相連的獾（歡）；「獼猴獻壽」，雕壽桃、小猴；「子孫萬代」，雕葫蘆、花葉、蔓枝，因葫蘆內多籽，「蔓」與「萬」諧音；「節節高」，雕翠竹；「歲寒三友」，雕松、竹、梅。

翡翠雕觀音、佛，常聽到有「男戴觀音女戴佛」的說法，其實不全是這樣，南方很多地方也有女戴觀音男戴佛的，並沒有什麼局限。

翡翠作為手玩件、擺件和掛件廣泛用於佩戴和欣賞，是翡翠實用價值的集中體現。

翡翠實用的審美原則

翡翠實用的審美原則首先體現在翡翠與服飾搭配要和諧。翡翠實用的審美原則主要體現在如下方面。

1. 佩戴與著裝的整體美

得體的中式服裝佩戴傳統造型的翡翠飾品，可使人產生與東方文化渾然一體的整體

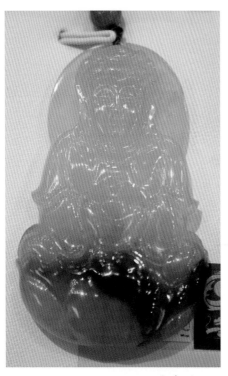

觀意墜子。

美。

現代職業裝配一經典的翡翠飾品，可使人產生畫龍點睛的美感及時尚與傳統的和諧美。

以晚裝出席招待會，套裝的翡翠飾品可使人產生韻味無窮、魅力無限的內外和諧美。

2. 顏色與翠飾的和諧美

白色能盡顯翡翠的豔麗，是最佳組合。

淡雅之色可襯托翡翠的含蓄，是搭配的要素。

濃豔的服裝適宜小件的翡翠精品。

黑色影響翡翠的顏色，不甚和諧。

3. 場合與翠飾的韻味美

休閒裝配以一件掛飾，隨意中不失韻味。

運動場不適於戴手鐲與翠珠項鍊。

工作間不宜選用過長、過大的飾品。

4. 氣質與佩飾的適宜美

端莊高雅者宜佩戴整套翠飾。

活潑可愛者宜佩戴單件翠飾。

透過清宮看翡翠首飾

故宮博物院珍藏著數以千計的清代後妃佩戴的金、銀、玉、珠寶等首飾，其中有一批質地純正、顏色豔綠的翡翠首飾。

由於清朝后妃乃至慈禧太后對翡翠飾品特別鍾愛，更把品質好的翡翠尊稱「皇家玉」，從而使緬甸著名特產翡翠身價百倍，名聲大噪。

清代後妃佩戴的各種首飾，主要由清養心殿造辦處撒花作、累絲作、玉作、牙作、鑲嵌作、琺瑯作等處承做。在清宮造辦處檔案中也能窺見一斑。

如雍正七年（西元1729年）十月十六日，「太監劉希文交來：鑲嵌金累絲年年富貴簪一對，嵌珠四粒、紅寶石二塊。鑲嵌金累絲蘭花簪一對，嵌珠四粒、寶石二塊。梅花簪一對，葫蘆簪一對，每支嵌珠六粒、寶石二塊……」

頭簪的原意是連綴，因戴冠於髮要用工具，以後就把這種工具稱為簪了。簪後來又變為婦女頭上的裝飾品。貴族婦女「戴金翠之首飾，綴明珠以耀驅」，喜以滿頭珠翠為榮耀。

在故宮博物院珍存的髮簪中，最精美的首推翠羽簪。這些頭簪是清中期後妃戴過的點翠嵌珠寶頭簪。如銀嵌翠蝴、蝶簪、銀鍍金嵌珠寶點翠花簪、銅鍍金點翠珠寶簪等，特別是銀鍍金嵌寶石蜻蜓簪，長14.5公分，寬7.5公分。

這種髮簪的製作過程十分複雜：先用金銀製成

用於胸花和頭飾的蝴蝶佩件。

特定形體的簪架，簪架周圍高出一圈，中間凹陷的部分粘貼羽毛，再配上一圈「金邊」，或在金邊上嵌翡翠、珍珠、碧璽、珊瑚和其他寶石等珍貴材料，再飾以美滿的吉祥圖案。

另一類簪即純翡翠簪，如翠鏤雕盤腸簪、翠鏤雕蝙蝠石榴簪等。有一種翠簪，既是裝飾品又是生活用品，如翠耳挖簪，非常方便實用。

扁方為滿族婦女梳旗頭時所插飾的特殊大簪，均作扁平一字形。晚清宮廷梳「大拉翅」，其誇張的頭簪所用的扁方，有的長達40公分。

故宮博物院珍藏的翡翠扁方，有的碧綠如水，有的則在翡翠上鑲嵌金銀、碧空壽字、團花、蝙蝠等吉祥圖案。如翠鑲碧空花扁方，長29.7公分，寬2.8公分。翠質，頭部嵌碧空蝙蝠、壽字。頂端兩側各嵌碧空梅花。層部嵌碧空蝙蝠、長壽字。意為吉祥長壽。

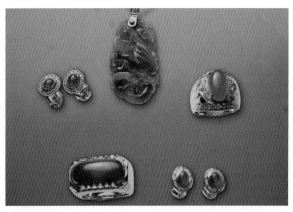

成套的翡翠首飾。

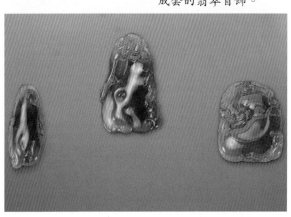

翡翠首飾。

另外，滿族婦女的耳飾也與漢族婦女不同，根據舊俗是一耳戴三環，也就是耳垂上紮有三個耳洞。據《大清會典》記載：「耳飾左右各三（即三對耳環），每具金龍銜一等東珠各二。」

故宮博物院珍藏一對金鑲珠翠耳墜，金嵌翠珠鉤環，各繫珍珠七顆，翠墜。另一對金鑲翠耳墜，金嵌翠鉤環，各繫金鑲翠古錢四個。另外還有一對銀鍍金翠秋葉耳墜，碧綠透亮，十分誘人喜愛。

除清宮后妃頭上戴的鑲珠翠青鈿子、鈿花、簪、釵、步搖、耳挖簪、扁方外，還有手上戴的金鐲、玉鐲、翠鐲或金鑲珠寶等各種工藝製作的鐲子。

另還有各種式樣的精巧質美的指環，俗稱戒指。

故宮博物院不但珍藏有翠戒指，還有一種金裡鑲翠戒指，金胎，外鑲環紋翠箍，口邊鑲小珠兩圈，裡有「寶華」「足金」戳記。

在清宮後妃的佩飾中有十八子手串，質地有玉、翠、水晶、珊瑚、沉香木、碧璽、金珀、蜜蠟等製作，其中翠十八子手串，以精美的翡翠為原料製成。

手串與念珠原為善男信女及僧尼念佛計算誦讀次數的工具，後來因講究質材、色澤或雕工，而演成一般人

清代流行的翡翠鼻菸壺。

把玩珍藏的飾物。

　　手串由十八粒珠組成，故稱十八子；念珠由一百零八粒珠組成，但也有不及或不止於此數者。清宮後妃均是崇佛、信佛的，後宮殿堂內有許多佛堂，她們以念佛誦經來度過寂寞清閒的宮廷生活。

　　另外，後妃們在穿戴時還佩飾胸針等翠飾品。如質地精美的翠雕葫蘆別針，翠鏤雕半葫蘆形，正面凸鏤雕葫蘆、葉蔓，中間雕蝙蝠，頂端是金別針，後有「寶華」戳記。

白菜。

　　這些佩飾小巧玲瓏，寓意深刻，工致質美，耐人玩賞。同時，這些清宮後妃的翡翠首飾，從色澤、品樣及透明度上來看都是上乘之品，實用價值很高，鑑賞價值也很高。

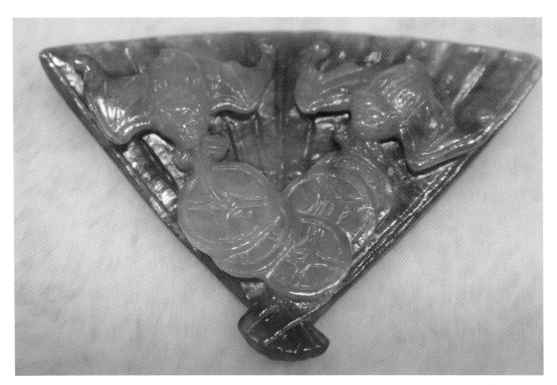

蝙蝠。

翡翠有醫藥功能

　　筆者在雲南騰衝翡翠城考察翡翠市場時，和一位翡翠藝人交流，談到各種玉石的優劣，他告訴我說翡翠最好。為何最好呢？他只從他職業病的角度說了一個理由，說翡翠對止血、消毒、療傷有神效，而另一種玉石的功效則遠不如翡翠顯著。

佩戴翡翠有促進人體健康的實用功能。

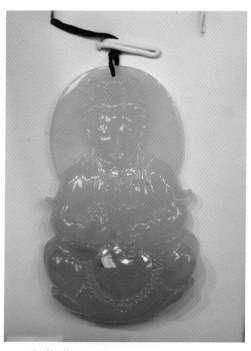

觀音墜子。

原來，這位藝人在加工翡翠時，因使用各種雕刻刀具和琢磨器具，常常會不小心把手弄傷出血。每當這時候，他總是隨手將琢磨的翡翠料粉敷在傷口上，血馬上就能止住了，而且傷口很快就會好。而他雕刻另外一種玉石將手弄傷後，也習慣性地將玉粉末敷在傷口，卻沒有達到止血療傷的效果。

這一細節說明，翡翠的實用功能也包括醫藥功能。

早在2000多年前，我國人民就將玉石用於醫療保健。《神農本草》《本草綱目》等古代醫藥名著中都有記載：玉石有「除中熱，解煩懣，潤心肺，助聲喉，滋毛髮，養五臟，安魂魄，疏血脈，明耳目」等療效；玉石若「久服耐寒暑，不饑餓，不老成神仙」。

目前，有關學者從健康學的角度對翡翠進行了初步觀察，認為它與人體健康（攝生健康、養性健康、防疾治病）有著一定的聯繫。

根據現代生物、物理、化學分析，翡翠中含有對人體有益的十多種微量元素，如金、銀、矽、鋅、鐵、硒、鎂、錳……由於玉石是蓄「氣」最充沛的物質，故經常佩戴玉器能使玉石中含有的微量元素由皮膚進入人體內，從而平衡陰陽氣血的失調，祛病，保健益壽。

例如鋅元素可以啟動胰島素，調節能量代謝，維護人體的免疫功能，促進兒童智力發育，具有抗癌、防畸、防衰老等作用。

錳元素可以對抗自由基對人體造成的損傷，參與蛋白質、維生素的合成，促進血液循環，加速新陳代謝、抗衰老，防止老年癡呆症、骨質疏鬆、血管粥樣硬化等。

硒元素是谷胱甘肽過氧化物酶的組成部分，它能催化有毒的過氧化物還原為無害的羥基化合物，從而保護生物膜免受其害，起到抗衰老作用；它還能解除有害重金屬如鎘、鉛等對人體的毒害，增強人體免疫功能，提高機體抗病能力，達到防癌治癌的作用。

東南大學生物工程系採用現代技術研究表明：人體本身會產生溫度場、磁場、電場，

從而構成一個「生物資訊場」。這個「生物資訊場」會產生一種相應波譜，叫做「生物波」。「生物波」可產生生物電，它有一種奇特的效應，即光電效應。

科學儀器測試顯示，翡翠玉石也具有這種特殊的「光電效應」，在略施壓力、切削以及在精加工的打磨過程中，會形成一個「電磁場」，並放射出一種能被人體吸收的遠紅外線光波，進而誘發人體內細胞水分子的強烈共振，從而加快人體血液循環，促進新陳代謝，活化細胞組織，調節經絡氣血的運轉，提高人體的免疫功能。

觀察表明，胸前佩掛翠墜（不用金銀嵌鑲）的效果更佳。若將翠墜置於胸前經穴，貼近「龍頷」「神府」等穴尤為理想。因為穴位是軀體臟腑、經絡之氣血輸注於體表的部位，兼備防疾與治療作用。

「龍頷」與「神府」在針灸學中是防治胸悶、心痛、胃病（胃寒、嘔逆、痙攣、潰瘍等）的主穴。同理，若翠鐲緊貼「內關」「神門」「通裡」「高骨」等穴位，對寧心安神、舒筋活絡起作用；翠圈馬鐙環於中指「中魁」「端正」「中平」等穴位，有助於健全消化系統，防治疳積、反胃、嘔逆等。

目前市面上有很多翡翠的偽造品出售。未經成分分析的偽品不宜貼身佩飾，以防有毒元素損害身心健康。

翡翠手鐲佩戴有講究

翡翠的實用主要體現在翡翠的佩戴上，而翡翠的佩戴又主要體現在翡翠手鐲的佩戴技巧上。

手鐲亦稱「釧」「手環」「臂環」等，是一種戴在手腕部位的環形裝飾品。其質料除了金、銀、玉之外，尚有用植物藤製成者。手鐲由來已久，起源於母系社會向父系社會過渡時期。

據有關文獻記載，在古代不論男女都戴

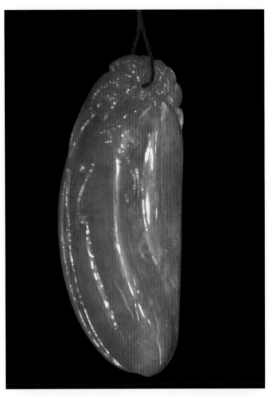

胸前佩掛翠墜不用金銀嵌鑲的效果更佳。

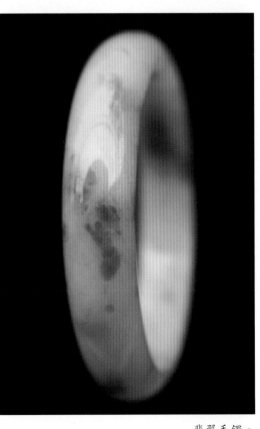

翡翠手鐲。

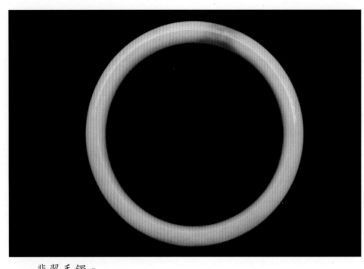

翡翠手鐲。

手鐲，女性作為已婚的象徵，男性則作為身份或工作性質的象徵。此外，在古代社會，人們還認為戴手鐲可以避邪或碰上好運氣。

一般早晨時戴翡翠手鐲比較容易，到了中午由於人的血管的膨脹，手鐲不容易戴上。戴手鐲也頗有講究，不是想怎麼戴就怎麼戴，違反了約定俗成的規矩，就會貽笑大方。戴翡翠手鐲時，對手鐲的個數沒有嚴格限制，可以戴一只，也可以戴兩只、三只，甚至更多。

如果只戴一只，應戴在左手而不應是在右手上；如果戴兩只，則可以左右手各戴一只，或都戴在左手上；如果戴三只，就應都戴在左手上，不可以一手戴一只，另一手戴兩只。

戴三只以上手鐲的情況比較少見，即使要戴也都應戴在左手上，以造成強烈的不平衡感，達到標新立異、不同凡響的目的。不過這種不平衡應透過與所穿服裝的搭配來求得和諧，否則會因標新立異而破壞了翡翠手鐲的裝飾美。

如果戴翡翠手鐲又戴戒指時，則應當考慮兩者在式樣、質料、顏色等方面的協調與統一。對初戴翡翠手鐲者，還應注意選擇手鐲內徑的大小，過小則會因緊貼腕部皮膚而引起不舒適之感，甚至影響血液流通；過大則容易在手的擺動過程中脫落而摔壞。

對於玉質的翡翠手鐲，試戴時宜在腕部下方墊上軟物（如軟墊之類），以免滑落墜地而摔斷。

第十四章
翡翠的價值判斷

碧玉破瓜時，郎爲情巔倒。
感郎不羞郎，回身就郎抱。
　　　　　——南宋·樂府詩《碧玉歌》

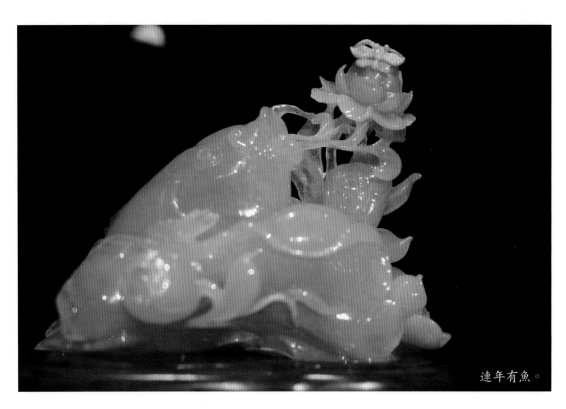

連年有魚。

　　翡翠以其細膩無比之玉質爲世人所讚譽，以其青翠欲滴之嬌美爲世人所傾倒，更以其產量稀少、佳品難得而身價倍增。如北京玉器廠雕琢的僅有火柴盒大小的「龍鳳呈祥」翡翠雕品，價格達180萬元人民幣。人們常說，「黃金易得，翡翠難求」，可見其珍貴。

　　可以說，翡翠是唯一一種不用重量來衡量其價值的寶石。正因爲如此，在收藏投資翡翠中，其品質評估和投資價值分析就顯得更重要了。

從資料看翡翠升值曲線

　　自古以來，翡翠就是人們喜愛的珍貴飾物，在中國尤爲如此。早在清代，翡翠就被認爲是中國的國石，有「黃帝玉」和「玉中之王」的美譽。翡翠以豔麗、稀有、高值與鑽石、珍珠、寶石一起被視爲華貴的象徵。有著7000年愛玉、崇玉歷史的中國人，從發現翡翠的那一天起，就對翡翠情有獨鍾，因爲它是東方人的珠寶，最能襯托出東方人的美。

三羊開泰。

佛手。

到了東西方文化交融的今天，已有越來越多的西方人開始收藏並投資翡翠。翡翠的儲量非常有限，全世界高檔翡翠原產地僅限於緬甸北部的一小片區域，很多礦源已經採掘殆盡，現存的礦洞有的已被當地政府封存，所以翡翠比鑽石和其他寶石更稀少。

有人統計，從清末到1949年，「玉中之王」翡翠的價格上漲了200多倍，尤以高檔翠玉為甚。而據筆者觀察，從1949年到2008年，高檔翡翠在市場上的價格至少又上漲了300倍。

縱觀這幾十年的行情發展，可以看出翡翠的行情變化與鑽石的行情變化各有特點：鑽石在多年來一直維持著小幅增長，平均每年上漲幾個百分點，非常穩定；翡翠的行情變化卻是大起大落，變化極大。

在20世紀七八十年代，由於臺灣、東南亞地區經濟的騰飛，高檔翡翠的價格大幅度上漲，達百倍之多。20世紀90年代以來，翡翠成品的價格已經逐漸回檔，降了很多，到20世紀末已跌至高峰時的一半左右。

進入21世紀，翡翠成品受到原料價格上漲的影響，又開始了新一輪的上漲。這一次上漲是受中國大陸經濟發展的影響，此影響在力度和廣度上均較上一輪大，很多行家預測這一輪上漲幅度要超過上次。

國內的翡翠收藏市場再次啟動是在1995年後。這一時期，中國大陸經濟發展迅速，短短10年時間，國人對翡翠越來越癡迷。現在很多買翠的人都知道看色、看種、看做工。越來越多的人想擁有翡翠，逐漸造成了需求量的增長。

越是高檔翡翠，上漲幅度越大。緬甸翡翠原料的價格也在年年翻番。40多年前100多元港幣就可買一塊上佳「老坑玻璃種」翡翠，現在動輒數萬元。

即使是在翡翠成品價格回檔的20世紀90年代，一些特級翡翠的價格也不僅未跌，反而大幅上漲。在1995年成交的一只晶瑩剔透的精美手鐲，成交價為1212萬港元，創了當年翡翠手鐲成交的最高紀錄。

1997年，一只翡翠蛋面戒指以759萬港元成交，創造了當時翡翠蛋面戒指的最高紀錄。

然而，僅僅兩年後，這一紀錄就被不斷刷新。在1999年香港佳士得秋季拍賣會上，一枚規格為33.08毫米×18.78毫米×14.83毫米的橢圓形蛋面翡翠戒指以1850萬港元成

交，刷新了此前蛋面戒指拍賣的世界紀錄。

　　在1997年香港佳士得秋季翡翠首飾拍賣會上，一串由27顆純綠翡翠組成的珠鏈，每顆珠子直徑15.2～15.9毫米，珠鏈上配上一顆10克拉的鑽石鏈扣，其華麗程度堪稱世間少有。這串翡翠珠鏈最後拍出了7262萬港元。一串小小的手掌可握的翡翠珠鏈，價值可以換70多套豪華別墅（按當時房價），可見人們對翡翠癡迷到何種程度。

　　翡翠在清代就有較高的價值，曾在中國清朝末期風行一時。如清朝內務府大臣榮祿的一只翠玉翎管，價值黃金13000兩（1兩＝50克）。20世紀30年代中期，北京翡翠大王鐵玉亭有一副手鐲，以40000銀元賣給了上海的杜月笙。

　　在現在的香港市場上，10多萬港元一件的翡翠是很平常的事，幾百萬甚至上千萬港元一件的珍品在拍賣行拍賣也不稀奇。

　　縱觀近幾年優質翡翠走勢，總體上仍是需求量越來越大，價格越來越高，有點高處不勝寒的味道，但人們的喜愛程度仍有增無減。

　　新一輪的翡翠收藏熱潮的基礎是國內巨大的市場需求，很多行家都確信這次熱潮將遠遠超過20世紀80年代的翡翠熱。也許數十年後，國內的收藏家能以原先價格的數十倍至數百倍的價格將流失的翡翠珍品買回，我們還能有緣得見那些珍品。

翡翠是最有價值的收藏品種

　　翡翠投資有風險，是因為翡翠是最有價值的收藏品種，是一種高價值的寶石，為古今玉石之王。翡翠的品質和價值主要是從其顏色、質地、透明度、純淨度等方面來衡量，其顏色以翠綠為佳，以質地細膩緻密者為上品。

　　與字畫、古籍相比，翡翠更便於保存，且得到世界的公認；與房子、汽車和紅木傢俱這類「硬貨」相比，它易於濃縮和轉移資產；與其他收藏品種相比，翡翠的價格穩定且升值明顯，又具有極高的鑑賞價值。

　　好的翡翠因其產量有限，市場需求量大，具有較大的增值空間。人們購買翡翠藏品可以有很多種理由，但有一點極為重要，那就是選購的翡翠一定要有傳世的價值，要經得起時間和歷史的考驗。只有那些可以世代相

擺件。

傳、能夠不斷升值的翡翠才是上佳的翡翠藏品。好翡翠並不一定就是價格高的，即便是一些中低價位的，只要您選對了，仍然有收藏的價值。

翡翠的價格依據

　　投資翡翠講究投資價值，即物有所值，所以買進價十分重要。因此，投資翡翠要找到價格依據。

家有翡翠眾車，不如凝翠一方。

內行看種，外行看色。

翡翠價格的依據主要是一濃（滿綠），二陽（水好），三正（色正），四和（勻和），五工（雕工）。

翡翠價格的依據在上述五項基礎上，還要加上第六項——重量。

翡翠價格的依據要滿足五項的十分稀少，於是出現了「三分料七分功」之說。

「神仙難斷寸玉」；「家有翡翠眾車，不如凝翠一方」；「內行看種，外行看色」。這些都是講翡翠的價格依據的。

翡翠藏品無論價值高低，購買時，首先要講究種質、顏色、器形和存量等因素。以翡翠首飾件為例，正種、正色、正形、稀缺者收藏價值高。一條27粒冰綠翠珠項鍊的競拍成交價高達7262萬港元，這是翡翠藏品的極端個例，它把四大要素體現到了極致。

對翡翠藏家來講，最要講究的是種質和器形，因為這是你的翡翠是否可以傳世的關鍵。而顏色的正與偏，多與少只是影響價值高低的重要因素。凡是種質差的翡翠，都是經受不住時間考驗的，切不可當作藏品來購買。

種差的翡翠由於產量巨大，價格也很低廉，市場上的售價相對要便宜很多。種差意味著翡翠的結構疏鬆，時間一長種會變、色也會「飛」，應該引起翡翠收藏者的警惕。

由於幾百年的採掘，具高翠的帝王玉已越來越少，若資金允許，當然是值得投資的。

但是，隨著收藏群體迅速增大，高翠帝王玉往往是有行無市，若哪家珠寶店「水好色正」的「超翠」鋪天蓋地，首先就要在心裡打個問號，謹防上當受騙。

有經驗的收藏者都認為，有種就是好樣的。只要種好，能透出翡翠的精、神、氣，就可以投資。

純淨潔白的冰種翡翠雕成的子牌在臺灣很受歡迎，種頭只要能達到冰種以上，再加上色用得巧，構思新穎，做工精良，就會人見人愛。

眼下我們在古玩市場和百貨商場所見到的翡翠多為低檔翡翠，其零售價格多為幾百元到幾千元一件。

低檔翡翠具有一定的觀賞、裝飾價值，並有一定的增值空間，但真正具有收藏價值

的是高檔翡翠。在緬甸，由於生產高檔翡翠的玉石資源面臨枯竭，故高檔翡翠的價格一路飆升。

在翡翠的收藏投資中，資金雄厚者應以經典成套首飾或藝術品擺件等為首選品種，所需資金從數十萬元到百餘萬元不等；中小投資者應以單件或小套件首飾為主，所需資金為萬餘元到五十萬元。

科學判斷翡翠價值

翡翠收藏投資要運用科學的方法論，遵循正確的鑑別程式。得到一件翡翠，首先要做的工作是判斷它的價值。判斷價值最重要的是判真偽，看它是緬甸翠還是馬來玉，然後再做 A 貨、B 貨、C 貨判別。

在真偽鑑別過程中主要是運用相對密度法、折射率法、氈狀結構觀察法來區分它們。因為，具備氈狀結構又呈現綠顏色的玉石，其密度和折射率都與緬甸翡翠相同的目前還沒有。一位收藏者曾在這方面有過深刻的教訓。那是在他收藏翡翠的初期，當時根本就不懂什麼是翡翠，把綠色的玉石都認為是緬甸翠，結果購藏了一批假翡翠，付出了慘重的代價。

翡翠的品種和品質直接關係到其價值，只有正確判斷翡翠的價值，才能更好地根據翡翠的價值進行收藏。

翡翠在玉石中有「玉中之王」的美稱。翡翠是一種翠綠色的硬玉，它是單斜輝石中的一種鹼性輝石。常顯微晶質緻密狀，由無數的纖維狀結晶交織而成。

其實「紅色為翡，綠色為翠」，故翡翠並不一定是綠色。但是紅色的翡玉很少，且遠不如綠色的翠玉惹人喜愛，故翡翠逐漸成為了綠色玉的專用詞。

一塊翡翠通常很少通體都綠，除翠的部分外，別種顏色的部分叫「地」，地的顏色有白、灰、黃、黑、青、紫、湖水綠等。

世界上翡翠產地主要是在緬甸，此外還有俄羅斯、美國、瓜地馬拉等。其中緬甸產的翡翠品質最優，其他地方所產的翡翠品質大多很差。所以，收藏翡翠，通常只收藏緬

種頭只要能達到冰種以上，再加上色用得巧，構思新穎，做工精良，就會人見人愛。

得到一件翡翠，首先要做的工作是判斷它的價值。

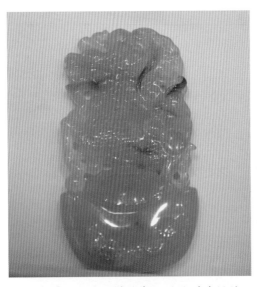

翡翠的品種和質量直接關係到其價值。

在一塊翡翠上顏色的分佈也很重要，顏色越均勻越好。

甸翡翠。

正因為還有俄羅斯、美國、瓜地馬拉等地出產普通質地的翡翠，不懂翡翠的人容易將外地翡翠和緬甸翡翠混淆。再說，即使是緬甸翡翠，本身也有優劣之分。所以，要學會判斷翡翠的價值。

翡翠價值判斷的「六看」

翡翠的品質和價值主要從其顏色、質地、透明度、純淨度等方面來衡量，優質翡翠應具備翠好、水好、地好、完美度好等條件。

如何來評價一塊翡翠原料的品質，是許多專家研究、思考的問題。綜合現有的研究成果，收藏投資翡翠應注意以下幾個要點。

1. 看顏色

顏色是評價翡翠最重要的因素，翡翠價值最高的是綠色，其次是紅色、藕粉色等，顏色的好壞直接影響翡翠的價值。要考慮顏色的好壞，就要具體分析翡翠顏色是否正，濃淡是否適宜，顏色的冷暖、顏色的分佈是否均勻等幾個方面。

（1）翡翠顏色純正是很理想的，但自然界所產翡翠的顏色往往是不純正的，有的偏黃，有的偏藍，有些翡翠有灰色色調。

（2）顏色的濃淡也很重要，顏色太濃會影響透明度，太淺太淡也不好看。

一般認為，翡翠顏色以濃淡適宜為佳。隨著地區的不同，人們對顏色的濃淡也有所偏好，高緯度地區的人們一般偏愛顏色略深一些的，低緯度地區的人們一般偏愛顏色略淺一些的。年齡不同的人對顏色的喜歡程度也不同，年長的人喜歡顏色偏深一些的，年輕人多數喜歡顏色淺一些的。由於性格的差異，人們對顏色的喜好程度也會有區別，性格內向的人多數喜好顏色略深一些的，性格外向的人多數喜歡顏色淺一點、豔一點的。

（3）翡翠的顏色有冷暖色調，偏黃也即暖色成分多，偏藍也即冷色成分多。

顏色的偏色將關係到翡翠的豔麗程度。也有人用黑色調、灰色調的多少來描述翡翠顏色的豔麗程度，黑、灰色調越重，翡翠的顏色就越差。

（4）翠綠色越多越好。

翡翠中翠越多越好，以翠綠色為最佳，因為綠色可謂是翡翠的生命，人們常用「綠得能捏出水來」「翠綠欲滴」「綠得像雨過天晴的冬青葉子」等語言來形容它。

（5）在一塊翡翠上顏色的分佈也很重要，顏色越均勻越好。

製作首飾用的翡翠原料，顏色分佈均勻非常重要；製作玉器用的翡翠原料，還要看顏色的分佈特點。有些原料的綠色呈帶狀分佈，這要看色帶的寬度、走向、形狀，色帶的分佈特徵將決定玉器的設計和採用的加工方法。

只有在研究了顏色的特點後，才能確定玉器的設計方案。翡翠顏色利用得好，利用得巧，這塊原料就得到了最大限度的利用，就可以最大限度地體現其價值。

（6）「翠好」宜和諧。

優質翡翠中的顏色要「翠好」，就是翠得「濃、陽、正、和」。即「濃」而不淡，像雨後芭蕉葉、冬青葉一樣碧綠；「陽」就是鮮豔明亮而不暗；「正」就是翠綠色而無雜色；「和」就是翠得均勻而無深淺之分。

2. 看透明度

透明度是指透過可見光的程度，透明度最好的翡翠似綠色玻璃，俗稱「玻璃翠」，行話稱「水頭足」。

「水頭足」「水好」行話也稱「俏」，指的是質細嫩而通體透徹，光澤晶瑩凝重而不老。

翡翠是以硬玉礦物為主的多晶體的集合體，多數為半透明，甚至不透明。最好的翡翠也不可能像單晶體寶石，例如祖母綠那樣透明。也許正因為如此，中國人更喜歡翡翠，就喜歡翡翠那種半透不透，水靈靈的感覺。

透明度最好的翡翠似綠色玻璃，俗稱「玻璃翠」，行話稱「水頭足」。

翡翠的透明度與質地有直接關係，質地越細膩緻密，透明度就越強。

組成翡翠的硬玉礦物的晶體顆粒大小、排列方式以及雜質的含量等，都對其透明度有直接影響。一般翡翠行家將透明度稱為種、水。透明度好的就是水分足、種好；透明度差的就是種差或水分乾。有些行家用很形象的詞來表達翡翠的透明度，例如：玻璃種、冰種、乾青種等。

翡翠原料的透明度越好，價值越高。尤其在評價中高檔翡翠時，透明度對價值的影響往往高於顏色。有色無種一定不是高檔貨，有一定色又種好的翡翠才能成為高檔貨。也可以說，高檔翡翠一定是種好，而色好的不一定是高檔翡翠。

對低檔翡翠來講，有色無種要比無色有種貴許多，在這種情況下顏色比透明度更重要。細心的評估師會總結出翡翠種好與不好之間的大致價格差。

產於緬甸的天然翡翠中，以「老山坑」玉和「水皮」玉為最好。

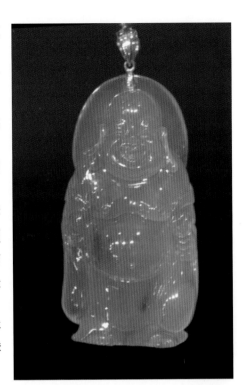

「水頭足」「水好」行話也稱「俏」，指的是質地細嫩而通體透徹，光澤晶瑩凝重而不老。

3. 看質地

質地實際上是指翡翠的結構，質地細膩緻密者為上品。

一般來講，硬玉礦物結晶顆粒越小，翡翠的質地就越細；硬玉礦物結晶體越粗大，翡翠的質地就越不好，價格也就越低。

我們可以將翡翠的質地大致分為非常細、細、較粗、粗、很粗這五個級別。一般好的翡翠質地都很細。也可以根據地子的好壞來分析翡翠原料價格的差異。研究出一般的規律來，就會較容易知道地子對翡翠價格影響的幅度。

4. 看乾淨程度

翡翠的評價像其他寶石一樣，乾淨程度也直接影響其價值。對於翡翠來說，顏色越綠、質地越細膩緻密、透明度越高、瑕疵越少，其品質和價值就越高。

純淨度高也稱為「完美度好」，除了無裂痕、裂隙，還要無雜質和其他顏色，重量大小適合。

翡翠的瑕疵主要有白色和黑色兩種。黑色瑕疵有的是以點狀分佈，也有成絲和帶狀分佈，主要是黑色的礦物，例如角閃石等。白色的瑕疵主要以塊狀、粒狀分佈，一般稱為石花、水泡等，主要是以白色的硬玉、礦物和長石礦物。

在評價翡翠時要研究瑕疵的大小、分佈特

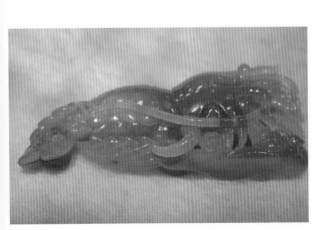

好的翡翠質地都很細。

徵，是否可以剔除，是否對翡翠的品質產生重大影響等因素。

5. 看裂紋

如果一塊翡翠料上有大的裂紋，這將大大影響其價值。影響程度要依裂紋的大小、深淺、位置等因素來判斷。

裂紋還指翡翠內部瑕疵的多少。瑕疵包括顯微裂隙、裂紋、雜質礦物、雜色斑塊等。瑕疵含量越少，則翡翠質地越好。

6. 看雕工

看雕工就是看工藝，雕工好能大大提升翡翠的價值，通常可以提升1～3倍的價值。

關於雕工好能提升翡翠價值，著名海外華人收藏家徐政夫有一套鑑別古玉投資價值的公式可供參考。

「一塊玉若以1為標準，玉質好，價格則變為2；刻工好，則變為4；沁色好，變為8；造型又特殊，變為16；玉的成色好，則變為32」。

徐政夫說的雕工好，可提升2倍，這是指通常情況。如是名家雕刻，甚至可提升10倍以上的價格。

經過上百年的開採，真正的A貨翡翠已經越來越稀少了。現在玻璃種的翡翠首飾收購價很難低於15000元。如果在玻璃種翡翠首飾上局部出現高綠的話，其價格可達二三百萬元。如果是滿綠的翡翠飾品，只要雕工精細、造型美觀，其價格完全可能達到5000萬元台幣。

看雕工也包括了看設計。例如，一塊有黑、有綠、有白的料，如果將三種顏色充分利用起來，設計成一件絕佳的藝術品，其價值將會成倍增長；如果設計不好，將大大影響其價值。

在評價翡翠時，上述六點要綜合分析研究。首先要確定翡翠料是首飾料還是玉雕料，兩種料的評價方法不同。首飾料更直接、更具體；而玉雕料就更複雜、更抽象，不僅要考慮料的好壞和顏色的分佈特點，還要看能做什麼，怎樣做，效果會怎樣。

在此值得提醒大家的是，影響翡翠價值的因素很多，每一因素都是動態和不確定

純淨度高也稱為「完美度好」，除了無裂痕、裂隙，還要無雜質和其他顏色。

瑕疵含量越少，則翡翠質地越好。

一塊玉若以1為標準，玉質好，價格則變為2；刻工好，則變為4；沁色好，變為8；造型又特殊，變為16。

評價翡翠時要綜合分析，首先要確定翡翠料是首飾料還是玉雕料，兩種料的評價方法不同，首飾料更直接、更具體，而玉雕料更複雜、更抽象。

的，這就是為什麼翡翠的價值規律很難確定的原因。從事翡翠評估研究的同行，只有不斷總結經驗，盡多收集資料，多找影響翡翠價值的因素之間的辯證關係和規律，才能正確把握翡翠原料和成品的評估。

七種翡翠價值甄別

天然翡翠。

據專家胡家燕觀察，翡翠飾品有五種商品類型，天然的一種、優化的兩種（漂白、浸蠟）、處理的兩種（漂白後聚合物充填處理、染色處理）。

根據市場情況，在翡翠飾品的這五種類型之外，筆者增加兩種，以下對七種翡翠類型予以介紹。

1. 天然翡翠飾品

天然翡翠飾品指原料經機械的切割、粗磨、細磨、精磨、拋光等工藝流程加工而成的翡翠飾品。凡高檔的翡翠飾品如鐲、佩、墜、珠、戒面等，均由物理機械加工製作而成，國家標準檢測結論一欄名稱為「翡翠」，民間俗稱「A貨」。

2. 漂白翡翠飾品

漂白是一種化學處理方法，目的在於溶解翡翠飾品表面不和諧的雜質（礦物）色調，其溶解只限於表面，以使翡翠飾品表面更加純潔、美觀。儘管經過漂白處理，但漂白只是一種傳統工藝，並非作假。

對漂白翡翠飾品，國家標準檢測結論一欄名稱為「翡

翠」，民間俗稱「A貨」。

3. 漂白後浸蠟翡翠飾品

漂白後浸蠟其實是對翡翠飾品表面覆蓋及表層中微細裂隙進行蠟充填。浸蠟可增加翡翠飾品表面的光潔程度，可部分填補在加工過程中形成的粗糙面，尤其是一些雕件的旯旮部分，浸蠟可掩蓋翡翠飾品涉及表層的原生、次生微細裂隙，使翡翠飾品粗看起來更加悅目。

浸蠟也並非作假，因浸蠟是一種傳統工藝，國家標準檢測結論一欄名稱為「翡翠」，民間俗稱「A貨」。

4. 漂白後聚合物充填翡翠

由於翡翠胚料結構疏鬆，酸蝕清理雜色留下比較深或比較大的縫隙；或硬玉結晶粗大，加工後剝落；或人為提高透明度等原因，商家需要提高翡翠飾品外觀美和耐久性，通常採用聚合物填充固結，這樣可以利用一些類似原料。

聚合物充填翡翠不屬傳統工藝，國家標準檢測結論一欄名稱為「翡翠（處理）」，民間俗稱「B貨」。

5. 染色翡翠

以硬玉礦物組成的硬玉岩原料白色、無色者很多，加工成飾品後色調單一，很難引起人們購買的慾望，但透過人工染色後變得十分美觀，國家標準檢測結論一欄名稱為「翡翠（處理）」，民間俗稱「C貨」。

6. 漂白充填加染色翡翠

由於工藝的需要，染色翡翠常與漂白後聚合物充填翡翠工藝相接合，國家標準檢測結論一樣名稱為「翡翠（處理）」，民間俗稱「B＋C貨」。

7. 作假翡翠

作假翡翠指用其他玉石如南陽玉等冒充翡翠，或用劣質翡翠經過包裹優質皮後，冒充A貨。作假翡翠連C貨都算不上，現在行內一些人將其稱為D貨。

漂白翡翠。

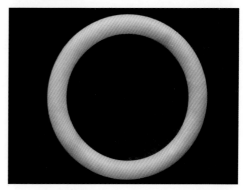

染色翡翠。

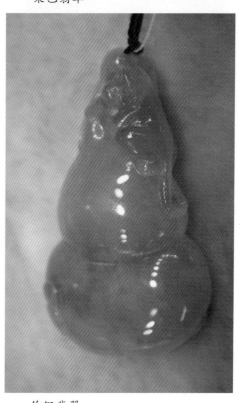

作假翡翠。

以上七類翡翠，其收藏價值根據順序排列。收藏投資者只有對這七種翡翠進行價值甄別後，才能做到心中有數，練就一雙慧眼，從而獲得穩定的投資回報。

第十五章
翡翠的投資價值

纖雲弄巧，飛星傳恨，銀漢迢迢暗度。
金風玉露一相逢，便勝卻人間無數。
　　　　　——宋·秦觀《鵲橋仙》

五子登科。

　　為什麼高檔翡翠的收藏價值高於其他貴重珠寶呢？這是因為翡翠有獨特的收藏投資價值，表現在如下幾個方面。

物以稀為貴

　　翡翠的稀少性，主要是指其產地稀少，且其本身高品質的少。翡翠的形成，需要非常特殊的高壓變質地質構造條件，緬甸恰好是兩個板塊的碰撞帶，具有翡翠形成的特殊條件。「物以稀為貴」，翡翠產量的稀缺性和高品質翡翠的稀少性，也決定了它的價值貴重。

　　世界上產翡翠的地方有5處，而能達到寶石級的只有緬甸一處。由於形成高檔翡翠的地質條件極為複雜，再找到比緬甸好的產地幾乎不可能。

　　目前翡翠市場的一大問題是資源少。被稱為「翡翠之國」的緬甸，近年來高檔原材料開採已近枯竭。緬甸政府統一進行資源調配，對政策進行了改革調整：一是限量開採，二

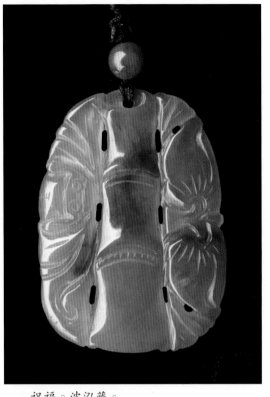

祝福。沈泓藏。　　　　　　　　　　　　　祝福背面。

是限制高檔翡翠出境。

　　隨著市場需求的增加，緬甸海關不斷控制高檔翡翠原石的出口，只允許加工後的翡翠飾品出境。上等翡翠資源短缺，只剩中、低檔資源，導致市場整體翡翠品質下降。

　　世界上沒有誰能夠控制翡翠的產量和銷量，而翡翠的價格在近十來年中就上漲了幾倍，甚至幾十倍，一枚小小的高檔翡翠戒指能賣2500萬元台幣。

　　就日益減少的翡翠資源自然產狀而言，特別是對上檔次的翡翠來說，翡翠具有珍稀性的特點。翡翠質地堅韌，在玉石中屬硬玉，化學和物理性質穩定，年代愈久，愈顯現其天然本色。翡翠的稀缺性必然決定了它有保值增值的功效。僅產於緬甸北部的翡翠資源逐步減少，面臨著枯竭，供和求的不平衡使翡翠的價格上漲百倍以上，而且越是高檔品，上漲幅度越大。

　　寶石礦藏具有不可再生性，由於開採過度，其資源日益枯竭，供需的失衡使翡翠的投資價值日益顯露出來。越是高檔A貨翡翠，上漲的幅度越大，中低檔翡翠的升值速度要慢得多；僅在1996年初，緬甸產的翡翠原料價格就翻了一番，但依然難見高檔翡翠的蹤影。

　　到了2003年，原料價格更上了一個臺階。在2003年3月於緬甸仰光舉行的第四十屆珠寶交易會上，第1172號拍品重92公斤，已被開成兩塊，內有一條綠帶，種份非常好。這塊原料的底價為208.8萬美元，最後以510萬美元成交，創下了當時緬甸翡翠原料拍賣會上單件翡翠原料拍賣的最高紀錄。

　　這樣一來，翡翠價格一路攀升，有時半年內成本就上漲了4～5倍。目前，中國已形成了以騰衝、瑞麗、揭陽及四會為代表的翡翠加工生產和貿易基地。大量加工地需要大量

的翡翠原料，好翡翠就更顯得珍稀。

　　翡翠的稀缺性決定了它特有的收藏和投資價值。要收藏的翡翠保值，必須做到寧缺勿濫，應挑選珍稀及品質上乘的高檔A貨翡翠，千萬不可貪圖便宜濫取一些種差工粗的低價貨，後者甚難轉手買賣或參加拍賣，市場承接力極弱，也很難升值和保值。

　　翡翠投資市場被看好的主要原因是好翡翠越來越少，特別是優質翡翠基本上只產於緬甸一地，經過上百年的開採，翡翠只會越來越稀少，價值也只會越來越高，任何寶石都沒有如此好的投資前景。

品質純正，審美價值高

　　愛美是人的天性。佩帶首飾不但會美化自身，而且還是一種身份、地位的象徵，可以看出一個人的品位高低。對於翡翠首飾來說，更是如此。在購買時，要看自己的經濟條件，如果買翡翠能兼顧美化自己和保值作用，是最好不過的了。

　　許多寶石是單晶體，如鑽石、紅藍寶石等，它們的顏色、透明度較均勻，比較容易找到相同的一對，或者更多。而翡翠變化萬千，要找到完全相同的一對，是十分困難的，而無瑕的翡翠更是千金難求，故當您看到自己喜愛的翡翠就要盡可能地買到，否則想買的翡翠將會越來越少。

　　翡翠有它獨特的物理性質，它的承壓力比鑽石大得多，它有更好的韌性，有很高的耐熱性。翡翠具有美麗、耐久及稀少的特徵。顏色正、透明度（水頭）好、質地細膩、不含雜質的翡翠，給人以美的享受，具有很好的觀賞性。

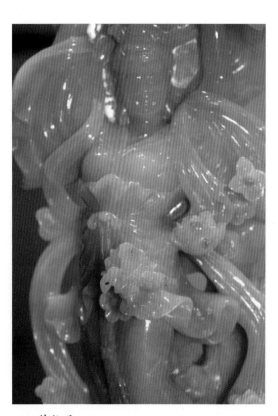

花仙子。

　　翡翠的硬度高，耐磨性大。同時由於其內部為纖維交織結構，所以韌性大，韌度為鑽石的100倍，抗撞擊力強，不易破碎，長期佩戴不易損壞。

文化底蘊深厚

　　在中國人的玉石情結中，玉石都是有魂魄的，翡翠更被視為具有君子的品格，人們欣賞它所特有的溫潤感。

　　翡翠，自古以來就蘊涵著神秘東方文化的靈秀之氣，有著「東方綠寶石」的美譽，被人們奉為最珍貴的寶石。

　　漢代許慎在《說文解字》中解釋說：「翡，赤羽雀也；翠，青羽雀也。」古人用兩種美麗的小鳥來命名一種寶石，無形中為這種寶石增添了幾分悠遠的文化氣息。

　　翡翠與中國傳統玉文化精神內涵相契合，蘊涵著中國特有的文化寓意，傳承著人們的美好祝福，被推崇為「玉石之王」，受

翡，赤羽雀也。

到廣大消費者的喜愛。

　　從人文背景方面來分析，翡翠無論是翠綠欲滴的水色，還是溫潤有神的光澤，都透出了特有的靈氣，深深契合中國文化所主張的「性靈論」「氣韻說」。

　　隨著人們生活品位的不斷提升，對翡翠飾品的要求也越來越高。中西文化的碰撞，使東方人對於天然、富有特殊文化底蘊和寓意的翡翠頗有好感。例如，雕工精巧的蟈蟈白菜（百事有成）、獨特創意的豆角（福豆）、五福捧壽，還有象徵平安的觀音……都成為人們購買翡翠的首選。

精神需求擺在當代人的首位

　　對翡翠的加工過程實際上就是賦予翡翠靈魂、性靈的過程，它代表了這個民族特有的文化、風俗、信仰和創意，同時也寄託了人們的美好心願。這種特有的文化理念在中國人身上表現得淋漓盡致。隨著人們生活水準的提高，精神的需求就被擺在了首位。過年過節買尊玉雕既美觀又氣派，偶爾為自己的香頸添條美麗的翡翠掛件，都是當代人們

翠，青羽雀也。

在欣賞玉、把玩玉的過程中，使自身心靈與玉所代表的精神內涵相契合，逐步提高自己的欣賞趣味，從而提高自己的人生境界。

物質生活不可或缺的一部分。

收藏翡翠可以陶冶情操。中國人自古就有藏玉、佩玉的傳統。有許多收藏家在欣賞玉、把玩玉的過程中，使自身心靈與玉所代表的精神內涵相契合，逐步提高自己的欣賞趣味，從而提高自己的人生境界。

可見，翡翠既是物質產品，也是精神產品。隨著人們經濟生活水準的提高，相應會加大對精神產品的投入，作為精神產品的翡翠將逐漸成為投資者的重要投資對象。

工藝精湛，引人入勝

玉石是一種工藝品，是工藝師對玉石材料的藝術創造，它融入了工藝師對玉石材料的理解和思想感情。因此，玉石的工藝性是玉石文化的具體表達。所謂「三分料、七分工」，同一塊料，出自不同的設計和加工工藝，其價值也會千差萬別。

出自工藝大師之手的玉石加工，可取其精華，避其糟粕，將玉石中最好的部分充分展示出來，使

出自工藝大師之手的玉作，讓人能真正進入藝術境界。

造型惟妙惟肖，圖案出神入化，給玉石加入靈氣，使之變活，讓人能真正進入藝術境界。這時，工藝所創造的價值可能遠遠高於玉石自身的價值。但若加工者不能對玉石的特徵進行正確理解和再創造，設計加工品質低劣，即使是再好的玉料也無法提高其價值。

翡翠顏色的豐富多彩，為收藏翡翠提供了很大的選擇餘地。

顏色多姿多彩

翡翠有白、紫、綠、黃、紅、黑等，白色翡翠為常見，其中綠色變化最大。鮮豔的綠色，完美的高翠，配以精美的設計，最受中國人的喜愛。

除了高檔祖母綠之外，沒有一種寶石的綠色可以和翡翠的鮮綠色相比。鮮豔的綠色，最符合中國人的審美情趣和文化心理。

翡翠顏色的豐富多彩，為收藏翡翠提供了很大的選擇餘地。

種質變幻無窮，令人如癡如醉

翡翠顏色多姿多彩，種類琳琅滿目，有的清澈如水，有的透明如冰，有的則密實如瓷……變幻無窮的種質配合多姿多彩的顏色，使得世上幾乎沒有兩種一模一樣的翡翠，人們遇到的每一種翡翠都是可遇而不可求的。

如王小姐2002年初在民仁福翡翠店買翡翠手鐲時，導購小姐給她推薦了一只售價18000人民幣的，她有些猶疑，向專家討教。專家看這是只冰種翡翠手鐲，局部達到高冰，有少許淡紫、淡綠絲點綴著，雖有一小點棉和水線，但不顯眼，整只手鐲素雅而亮麗，於是坦誠地建議她買下來。三年後的一天，王小姐再次光臨民仁福翡翠店時，她手腕上那只手鐲更加晶瑩剔透了，店主問她：「現在給你賺兩萬，你賣嗎？」她笑答道：「那不行，有人給過五萬我都不賣！」她還指著手鐲說：「你看，棉快沒有了吧？顏色也多了吧？這都是被我養出來的，多少錢我都不會捨得賣的。」

三年時間，玉鐲養好了，價值也提升了一倍多，而王小姐也越來越喜歡翡翠了。

人可養玉，翡翠種質變幻無窮，令人如癡如醉，人們驚豔於它那離合的神光，醉心於它明豔的色彩。

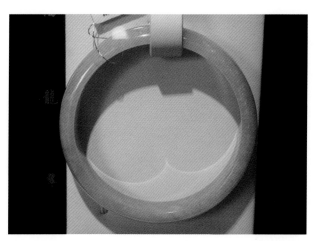

由於每件翡翠構成晶體的粗細不同，晶形不同，結合方式不同，因而透明度也有很大差異。

世界上無統一定價

翡翠原料千差萬別，高檔的原料，不足1000克的一小塊，價值數千萬甚至超億元；而幾噸重的翡翠原料也可能每公斤只值數百元，價值的差別可上萬倍。

很多寶石都可以用重量來報價，但翡翠卻不能根據重量統一報價，因為翡翠的種質變化很大，每一顆、每一塊都不相同，這就要靠人們對翡翠的鑑賞眼力了。

這也使翡翠投資更具刺激性，花幾十萬元買一件翡翠，其潛在價值可能是幾千萬！

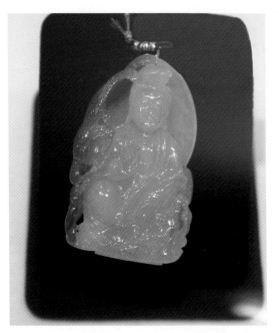

很多寶石都可以用重量來報價，但翡翠沒有根據重量的統一報價。

經濟騰飛，需求大增

20世紀80年代，由於東南亞幾個國家的經濟騰飛，對翡翠的需要量一下子增大了很多，尤其是臺灣經濟發展迅速，加上中國人骨子裡對翠玉的愛，使很多臺灣人大量購買收藏翡翠。但翡翠的來源是有限的，這種供求不平衡使翡翠的價格一夜之間上漲了很多倍。

最近幾十年來，隨著中國改革開放的深入，經濟騰飛，持續穩定地增長，人們的生活水準也不斷提高，對翡翠的需求量增加，翡翠市場供不應求。

在翡翠原產地，原來隨意堆在礦邊廢棄不要的翡翠原料一下具有了價值，進而開始論斤高價銷售。這些料幾年後就被賣光，買料人也只好見玉就買，即使有毛病也不嫌棄，買到總比買不到好。當時香港的很多工廠要夜以繼日地趕工，常常是第二天一開門就賣光。

20世紀80年代廣交會上，很多香港玉商未開門時就早早等在門口，一開門都以百米衝刺的速度衝向翡翠櫃檯，如果不小心摔一跤或是腿腳不夠靈便，那將要失去一大筆買賣，損失很多錢。

蘑菇。

為什麼會出現這種狀況呢？原來當時中國大陸沒有翡翠市場，政府只收購不銷售，一般以極低的價格收購後，在外賓專購的商店中銷售，或經外貿出口國外。廣交會上的翡翠櫃檯就是國內外貿企業的攤位，誰能第一個衝到攤位，誰就能以低廉的價格買到清代、民國初期的高檔好翠，到香港轉手就能大賺特賺，所以人人努力，個個當先。當年香港很多做翡翠的商人發了大財，由小商販變成了大老闆。

越來越多的玉器收藏愛好者看中翡翠的收藏投資價值，將翡翠作為投資工具。

有保值增值的功效

翡翠具有投資保值增值的功效。無論是從近10年的價格走勢來看，還是從近50年的價格走勢來看，翡翠都具有投資保值增值的功效。

近幾年，國內一些珠寶玉器拍賣會上，高檔翡翠製品價格屢創新高，其升值之快是古董、郵票和書畫等其他投資品種難以比擬的。至於中低檔翡翠，儘管當時售價不高，但其升值率卻十分小，再等若干年後，升值的可能性也不會很大，僅可作為普通飾品而已，這實在是花了錢又買不到回報的事。

每年眾多的拍賣會，最引人注目的是翡翠拍品的成交。一條項鍊7000多萬港元，一枚戒指700多萬港元，一只手鐲1000多萬港元……在人們爭相購買高檔翡翠、收藏高檔翡翠的同時，有相當多的人認為翡翠越來越貴，好翡翠越來越少。

在上海的一場拍賣會上，一件如意翡翠擺件以1000萬人民幣起拍後，經現場三位買家的激烈爭奪，最終以3300萬元成交，創造了內地拍賣的最高價。這是進入21世紀以來翡翠投資市場日益火爆的一個縮影。

據悉，此次購買這件翡翠擺件的是一位馬來西亞華人，此次專門來到上海參加拍賣會。除了這件如意翡翠擺件之外，這位買家還以450萬人民幣的價格競拍到一只翡翠手鐲，這也是此次翡翠拍賣的第二高成交價。

綜觀翡翠拍賣，一部分投資者已經開始有逐步建倉的跡象。一位曾與馬來西亞買家一起競拍如意翡翠擺件的場內買家，在此次拍賣中則花180萬人民幣買下了一件牡丹花翡翠擺件。

多年來翡翠在國內外市場的價格一直居高不下，收藏投資者對翡翠情有獨鍾。近年來，越來越多的玉器收藏愛好者看中翡翠的收藏投資價值，將翡翠作為投資工具。一旦更

多的人覺醒，蜂擁而上地介入這一投資領域，翡翠的價格也會水漲船高。翡翠的保值升值都是毫無疑義的，其增值將是驚人的。

寓意吉祥，可作為珍貴禮品

翡翠具有表情達意的功能，它自古就有活力、健康、富貴、長壽的寓意，人們常常購買翡翠來表達感情。

如人們借翡翠的質堅溫潤，希望孩子能夠具有翡翠一樣的品格；翡翠更象徵夫妻之間感情的堅貞不渝，天長地久。翡翠作為一種禮品，表達了人們之間良好的祝福。

翡翠作為一種禮品，表達了人們之間良好的祝福。

第十六章
收藏投資技巧

小閣烹香茗，疏簾下玉溝。
燈光翻出鼎，釵影倒沉甌。

——唐・孫淑《對茶》

「亂世黃金，盛世收藏，傳世翡翠勝古玩」。這是自清末以來，廣泛流傳於民間收藏界的諺語。時下正值盛世之年，人們對收藏品的關注度越來越高了。翡翠貴為「玉中之王」，古往今來一直是中國人之所愛，備受收藏者推崇。

然而，收藏需知識，投資有技巧，並非所有的翡翠都能夠增值和值得收藏。翡翠品質千變萬化，好壞也千差萬別。倘若買錯，不僅會失去收藏的意義，賠錢也有可能。因此，翡翠的收藏投資是很有講究的。

相信專家但不迷信專家

請教專家要相信專家，但不能迷信專家。古希臘大哲學家亞里斯多德說過一句名言：「吾愛吾師，但吾更愛真理。」然而，在追求真理的過程中，是要付出代價的。

一位收藏者講述了這樣一個故事。一次，這位收藏者拜識了一位某地很有名氣的寶玉石鑑定師（是當時該地區唯一有證書的寶玉石鑑定師）。每當他得到一塊綠色玉石，都要去虛心討教，而每次都能得到老師的表揚。

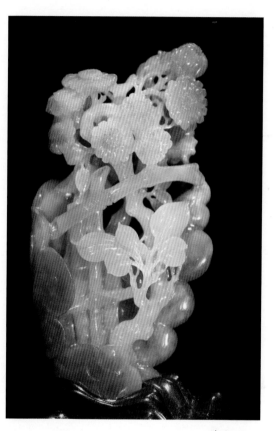

花卉。

時間長了，這位收藏者的藏品也多了，但他的疑問卻越來越大了。為什麼這麼多的「翡翠」精品都到了自己的手中？既然這種東西價值連城，怎麼會有這麼多？帶著這些問題，他開始購書、查閱資料，同時也買回來了天平等檢測工具，並經常出入一些大珠寶店，想辦法購入有證書的翡翠A貨。

在這些大珠寶商店中，他認識了翡翠的氈狀結構。運用這些檢測工具，他明白了什麼是真正的緬甸翡翠，然而，也同時明白自己的藏品要全軍覆沒了。

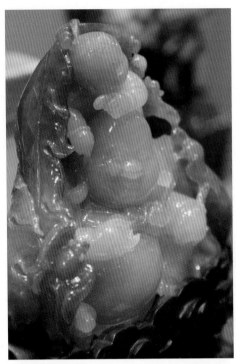

彌勒佛。

彌勒佛。

這件事對這位收藏者觸動很大。他的經驗是：「做收藏要靠自己，拜師請教是必要的，但最重要的是，要靠自己的悟性、豐富的知識和實踐經驗，靠嚴密的推理和科學的方法論。」

初入翡翠收藏之道，拜師學藝，請專家掌眼是很尋常的事。但殊不知專家之中也是良莠不齊，不乏濫竽充數之人。且專家非全能之人，只是在某一領域有一定的研究。對專家所下的結論，要有一個正確的態度，要做到相信但不迷信，更不盲從。

在古玩界，專家看走眼、出笑話的事時有發生。一次，一位收藏者偶得一滿綠翡翠掛件，經過檢測認為是翡翠A貨，於是帶著去請教本地一古玩「專家」。「專家」看罷扔過來一句話：「假的。」「為何？」答曰：「感覺不對，像這樣的東西，如果是真品不可能傳到你的手中。」

收藏者又問：「您說是假的，那是B貨還是C貨？」答曰：「什麼B貨C貨？假的就是假的！」

後來，這位收藏者才知其人是做瓷器收藏的，對翡翠只知皮毛而已。

因此，在請教專家時，一定要請行業高手。對那些「半瓶子醋」，又不謙虛的「二把刀專家」要敬而遠之，沒必要讓他對你的藏品評頭論足。

後來，這位收藏者帶著這件東西走南闖北，請教過許多專家。有一次在北方的某一大都市，經人介紹拜識了一位某地礦學院的教授級專家。該專家接過此物拿手電筒、放大鏡看了半天說道：「像是翡翠。」

收藏者一聽心便涼了半截，俗話說，「行家一上手，便知有沒有」，老人家對石頭研究了一輩子，結論下得是不是有點太謹小慎微了？

在南方某一大城市，該市正在舉行珠寶鑽戒品質月免費大鑑定活動。收藏者將翡翠送到了一位二十多歲的年輕專家手中，該專家把翡翠拿在手中掂了一掂，說道：「染色石英岩。」有點礦物學常識的人都知道石英岩與翡翠的相對密度懸殊較大，如同鋁、銅就是閉上眼睛用手一掂也能辨之，可見專家之眼也不可盲目信之。

後來這位收藏者找到真正的翡翠鑑賞大師歐陽秋眉，並由香港寶石鑑定所出具了鑑定證書。結論是「茲證明照片所示的翡翠為天然緬甸翡翠（A貨）」。

這件事對收藏者的教育意義是重大的。在翡翠收藏乃至整個藝術品收藏過程中，對專家的點評要多做具體的分析，包括他們的專長、情緒態度及所說的每一句話。如專家說你的翡翠是C貨，你就要著重分析一下，該翡翠表面是否有裂紋，且裂紋中是否有染料。

如果一件翡翠在放大鏡下觀察，其表面有許多黃褐色斑點，那麼，不管別人說什麼，它是B貨的可能性都不大，道理很簡單，在製作B貨的漂洗、注膠兩道工序中是不允許這些雜質存在的。

因此，在翡翠收藏過程中乃至整個藝術品收藏過程中，虛心向專家請教是十分必要的，但不能迷信，更不能盲從。要努力豐富自己的專業知識，勇於實踐，樹立一種信念，尊重事實，相信事實，用一種科學的態度和嚴密的邏輯推理去印證事實，逐步提高自己的鑑賞水準。

新手不宜賭石

賭石為翡翠投資增添了很多刺激性，但新手不宜賭石。

由於翡翠的稀有和珍貴，在翡翠交易中就出現了賭石這一特殊的交易手段。據說，賭石已沿襲了上千年，而在賭石的背後，自始至終演繹著悲喜之歌。賭石可使人一夜暴富，也可使人傾家蕩產。

翡翠賭石賭的實際上就是翡翠原石中的籽料，即翡翠的礫石。由於礫石表層有

翡翠賭石賭的實際上就是翡翠原石中的籽料。

一層風化皮殼的遮擋，看不到內部的情況，就是科學技術發達的今天，也沒有一種儀器能穿透皮殼，看清塊體內部翡翠的優劣。因此，在交易中，人們只能靠打賭來判斷它內部的好與壞，於是就有了「賭石」的概念。

雖然賭石是一種文明的「賭」，但外人稱賭石為「瘋子」生意：「瘋子買，瘋子賣，另一個瘋子在等待。」

翡翠投資的不可預測性，更增添了翡翠投資的刺激性，並因此吸引更多的冒險型投資者介入其中。

投資翡翠的「十二看」秘訣

色、透、勻、形、敲是一般人觀賞或評價翡翠的方法。

大部分購買玉鐲的消費者可能都有這樣的經驗，那就是商家會當你的面敲玉鐲，讓你聽其聲音是否清脆不混濁，這樣做即是欲證明玉石的結晶緊密、質地好且無裂紋。以清脆悠揚有回音者為佳。

翡翠色澤鮮豔，呈玻璃光澤，透明度好，其摩氏硬度為6～7。常見有綠色、紅色、褐色、黃色、紫羅蘭色、藍

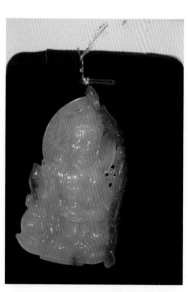

收藏翡翠應選購透明度較好、呈玻璃光澤的品種。

色和白色等，其中以綠色為上佳。

專家建議，投資翡翠有「十二看」秘訣。

1.看質地

收藏翡翠應選購透明度較好且呈玻璃光澤的品種，但要謹防玻璃製品（俗稱料件）。鑑別的要點是翡翠透光照有部分霧狀或斑狀；玻璃品沒有霧狀和斑狀，有氣泡。帶綠色的翡翠其色澤有濃淡深淺、有翠點，而玻璃品色澤基本一致。

2.看硬度

翡翠的硬度高，比中國玉、玻璃和其他玉石類都硬，可以用來劃玻璃。如購買時可當著賣主的面劃玻璃，如果賣主不同意則不要輕易購買。

翡翠的硬度高，比中國玉、玻璃和其他玉石類都硬，可以用來划玻璃。

3.看分量

翡翠相對密度大，掂在手上有沉重感，而玻璃品則有輕飄感。中國玉的河南玉相對密度也大，容易冒充翡翠，其色澤也接近翡翠，需綜合檢驗。

4.看顏色

凡是高綠（特別豔麗）或滿綠的品種一定要特別慎重，因為如是真貨其價位極高，一般的價格是不可能出售的。帶有少量的綠頭而色澤較明亮鮮豔的，即為好玉，其價位比較適中。

綠色愈嫩的愈具收藏價值。

5.看件品大小

一般來說，佩件（佩在腰帶上）面積在3公分×3公分左右，掛件（掛在頸項上）面積在2公分×2公分左右最適當，擺件大小可隨意。但要注意厚度，翡翠的厚度直接影響到透明度（俗稱水頭），薄的透明度高，厚的透明度就低，一般3～5毫米最能鑑別透明度，俗稱一分水頭。有一分水頭即為好。

相同品質的玉石，當然是以大而厚的價格較高。

綠色愈嬌綠的愈具收藏價值。

6.看做工

雕件、佩飾雕刻工藝的優劣，及其題材處理的象徵意義都對價格有影響。

要注意觀看件品的工藝雕琢（最好用4倍以上的放大鏡觀察）。人物雕像主要看面部是否端正，五官是否合理；動物雕像看軀幹和四肢比例是否恰當，形態是否自然；花卉雕琢看線條是否流暢，佈局是否合理。

特別要注意雕琢的陽面和陰面及底部是否打磨得光滑平整。另外還要細看線條是否粗細一致，有沒有斷刀或重疊。手鐲一類要注意是否有裂隙。

7. 看透明度

硬玉內部結晶組織緊密的質地較好，透明度也高，我們所說的玻璃種就是這種透明度高的硬玉。如因玉石本身含鉻豐富而成了冰種翡翠，價值不菲且難求。

8. 看色勻

除了顏色嬌綠、透明度高之外，還必須色調均勻才是上品。

9. 看瑕疵

要注意有無裂紋、斑點等，這些瑕疵都會影響硬玉的品質。

10. 看形狀

大多數的翡翠戒面是橢圓蛋面形的，至於其他的形狀則有多種，形狀的好壞與美麗對玉石的價格也是有影響的。

11. 看光澤

除了上述條件外，光澤還要鮮明，不可陰暗。

12. 看賣主

收藏投資翡翠還要選擇賣主。

市場上賣主主要有三種：專業店，價高貨較真；個體古玩店，價低，但真假都有；個體攤，價低假貨多。

具體投資時，要貨比三家。買者要多跑幾家比品質、比價格，只要有眼光、有耐心，一定能得到稱心的翡翠件品。

在旅遊點購翡翠應理性

中國翡翠產品品質穩定，經國家質檢總局抽檢，九成以上的產品均屬於合格品。但專家提醒消費者，旅遊場所的翡翠銷售還存在不規範現象。

抽查人員在20個大中型城市的100家珠寶玉器企業隨機抽取300件鑽石、翡翠飾品，抽查結果顯示鑽石產品的抽樣合格率為91.4%，翡翠產品的抽樣合格率為98.2%，兩種產品的總合格率達到了92.7%。

抽查結果顯示，鑽石產品的品質問題主要反映在鑑定證書標注淨度級別不合格上。淨度級別是根據鑽石瑕疵多與少而進行的等級劃分，檢查中發現了少數企業人為抬高淨度級

相同品質的玉石當然是以大而厚的價格較高。

形狀的好壞與美麗對玉石的價格也是有影響的。

別以欺騙消費者的現象。

　　翡翠產品不合格的原因也出現在鑑定證書不屬實上。針對出現的這種個別現象，國家質檢總局和中國寶玉石協會組織開展了行業自律工作，加強了對企業和各地珠寶鑑定中心的監管力度。

　　旅遊場所的翡翠銷售常常存在不規範現象，在購買時要瞭解清楚翡翠飾品的等級並索要翡翠產品鑑定證書。

不可迷信鑑定證書

　　有些初入門的收藏者相信翡翠鑑定證書，其實翡翠鑑定證書也不足信。

　　如近年發現在很多地方的翡翠商家提供給消費者的鑑定證書是由不具備鑑定資格和法律效力的一些諮詢機構出具的。這一點對收藏投資者和消費者的欺騙性很大，因為目前這一類的所謂「鑑定機構」很多都不具備專業的寶石鑑定儀器，而是只憑肉眼觀察來判定送檢飾品。鑑定結果並不準確。

　　更有甚者，有的機構或騙子還提供偽造的鑑定證書。據說，關於軟玉的鑑定證書，在新疆只需花50元就能買到將青海白玉和俄羅斯白玉的鑑定結果寫成「羊脂白玉」的鑑定證書。

　　有些無良奸商利用一些購買者在購買了價值不高的翡翠小飾品後不願意再花錢重新自行鑑定的弱點，提供偽造證書，欺騙消費者。一般人都會考慮，買一個小東西才花了兩三百人民幣，可

牡丹。

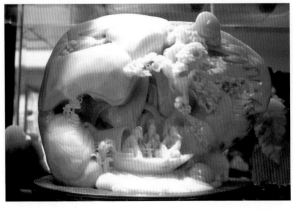

專家提醒消費者，旅遊場所的翡翠銷售還存在不規範現象。

舟遊。

市場上的翡翠飾品幾乎都可提供鑑定證書。

是再去鑑定一下卻還要花一百元左右，不還是買貴了嗎？反正賣家已經提供了鑑定證書，就不用再去花費銀兩和勞神了。這樣考慮的購買者還真的是不在少數，結果往往中招。

對鑑定證書一定要認清真偽，即使是價值較低的商品，也要在購買後自行去當地權威鑑定部門重新鑑定一次。對於當地沒有權威鑑定機構的，收藏投資者也應該要求賣家提供其所在地權威鑑定機構的證書，哪怕自行承擔鑑定費用。

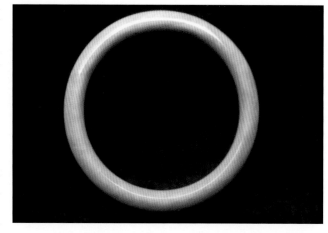

對鑒定證書一定要認清真偽，即使是價值較低的商品，也要在購買後自行去當地權威鑒定部門重新鑒定一次。

國家認可的、出具的具有法律效力的鑑定證書有幾個關鍵點應注意。

首先，看有無大寫的「CMA」標誌，要注意「MA」是在大寫的「C」裡面的。

其次，證書背面鑑定者簽字必須是兩個不同人的簽名。一位為鑑定者簽字，另一位為檢查者簽字。

另外，鑑定結果如果是翡翠A貨，則結果上是列印「翡翠雕件」「翡翠掛件」「翡翠手鐲」「翡翠鑲件」；如果鑑定結果不是A貨，則鑑定結果會列印「優化翡翠××」。

A貨也常有陷阱

幾乎所有的翡翠店，對自己出售的翡翠都標明為A貨翡翠，還在店裡面寫了很多「我們只賣A貨」之類的廣告。如筆者在騰衝調研翡翠市場時，就看到該地翡翠市場上的店鋪都標明自己賣的是A貨。即使是到廣東開平的赤坎古鎮，一家小小的簡陋的翡翠店門口，也寫著大大的「A貨」廣告招牌。

對於初級收藏投資者，要弄清A貨也

海鷗。

蟬。

三隻鶴。

有多種意思。如果不瞭解，或許你買的Ａ貨會在翡翠鑑定時變成了Ｂ貨或Ｃ貨。假如你去找商家，商家會肯定地說他賣給你的是Ａ貨，只不過他說的Ａ貨不是你理解的Ａ貨。

「Ａ貨」的意思其實代表三種翡翠。這就是說，Ａ貨實際上也有三種，新國標已經把第三種歸為「處理」了，名稱也就是「翡翠（處理）」。

一般來說，翡翠飾品有五種商品類型，天然的一種、優化的兩種（漂白、浸蠟）、處理的兩種（漂白後聚合物充填處理、染色處理）。

你理解的Ａ貨是天然翡翠飾品，這確實是Ａ貨最典型的表示，係指原料經機械的切割、粗磨、細磨、精磨、拋光等工藝流程加工而成。凡高檔的翡翠飾品如鐲、佩、墜、珠、戒面等，均由物理機械加工過程製作而成，國家標準檢測結論一欄名稱為「翡翠」，民間俗稱「Ａ貨」。

但銷售商往往會將「漂白翡翠飾品」也稱為Ａ貨。漂白是一種化學處理方法，目的在於溶解翡翠飾品表面不和諧的雜質（礦物）色調，其溶解只限於表面，以使翡翠飾品表面更加純潔、美觀。漂白是一種傳統工藝，國家標準檢測結論一欄名稱為「翡翠」，民間也稱「Ａ貨」。

銷售市場上，Ａ貨還常常出現第三種含義，稱為「漂白後浸蠟翡翠飾品」，可視為對翡翠飾品表面覆蓋及表層中微細裂隙的蠟充填作用。浸蠟可增加翡翠飾品表面的光潔程度，可部分填補因加工過程中形成的粗糙面，尤其是一些雕件的旮旯部分，浸蠟可掩蓋翡翠飾品表層的原生、次生微細裂隙，使翡翠飾品粗看起來更加悅目。這是一種傳統工藝，國家標準檢測結論一欄名稱為「翡翠」，民間也稱其為「Ａ貨」。

事實上收藏者認為只有第一種是Ａ貨；第二種行內叫Ｃ貨；第三種叫墩蠟，墩蠟在手鐲的加工上是採用比較廣泛的工藝，好的Ａ貨是不墩蠟的。

購買的時候收藏者要注意這樣的問題，即使是證書上標明A貨的產品，實際上也可能是A＋B貨，或C貨產品。

收藏投資翡翠的八大誤區

目前迷惑收藏者的主要是B貨翡翠和染色石英岩。B貨翡翠是指經過染色、注膠或者輻照等加工處理的翡翠。此外，有些收藏者在翡翠收藏上還存在很多誤區，主要表現在如下幾點。

1. 綠色越均勻越好

市場上往往會看到一些通體翠綠的翡翠，顏色鮮豔而且分佈非常均勻，實際上，這樣的翡翠大多是假貨。翡翠的內部是由顆粒狀的礦物集合而成的，故它的綠色是局部分佈的，綠色和非綠色之間會有界限。

2. 價格低的翡翠升值空間更大

在某些古董收藏投資上，可能價格低的古董風險小，升值空間大。若將此觀點用在翡翠收藏投資上就錯了。因為翡翠的投資升值規律與此結論恰恰相反。

花生。

一般來說，高檔翡翠價格昂貴，但是升值空間也最大，具有極大的收藏和欣賞價值。20年前一件幾百元的綠色冰種翡翠，現在可能升值為十幾萬甚至更高；同樣是20年前一件五十元左右台幣普通的翡翠掛件，至今仍然只能賣五十元左右，甚至以後再傳幾百年也不會有什麼升值空間。

3. 綠色翡翠就是好

翠綠色的翡翠是A貨翡翠中的上品，但並不是所有的翡翠都是綠色的，有一種翡翠由於受到鐵質的浸染，會形成鮮豔的「翡」色。這樣的翡翠如果透明度高、質地好，也有很高的收藏價值。

4. 工藝越複雜越好

簡單才是美，很多質地上乘的翡翠往往被做成很簡單的手鐲或者戒面而不加雕刻；而一些有雜質或者裂隙的翡翠往往被能工巧匠雕刻成人物或者場景，以掩蓋天生之不足。

茶壺。

5. 翡翠越老越好

很多收藏者都講究收藏「古玉」，但是翡翠的收藏並沒有古今之分。翡翠在明清時期

漁翁。

看翡翠應在陽光下觀察，最好在早上有陽光時。

才進入中國，而且當時由於翡翠原料不多而且鑑別能力差，所以年代比較久遠的翡翠質地反而相對較差。

6. 越稀有的越值錢

天然礦物有時候會形成一些很特別的圖案。例如，有些礦物會排列成類似動物或者山水的形狀。一些收藏家往往把這種翡翠當做是稀世珍品加以炒作。實際上，除了稀有之外，這種翡翠一定要符合美學原則，同時還要具備質地好的條件，才真正「值錢」。

7. 紙上學鑑別技術

翡翠優化處理技術日新月異，而書本上的知識往往相對滯後。如果按照書上的鑑別方法而買到 B 貨或者假貨，可能是因為市場發明了新的處理技術，還沒來得及總結出版。

8. 不變色的是 A 貨

一些染色翡翠可以保持鮮豔的色彩長達 10～20 年；而一些紅色或者黃色的翡翠反而可能在比較短的時間變色，這主要是由翡翠內部化學元素的變化引起的。

購買翡翠時的注意事項

購買翡翠時，除了要全面觀察翡翠的年代、雕工、質地、品相、寓意等方面之外，還要把握如下注意事項。

1. 在陽光下觀察

古人說「無陽不看玉」。購買翡翠時首先要注意以中午 12 點前一小時或後一小時較合適。因為正午 12 點鐘看東西時間久了最容易頭暈目眩，這時候陽光最強，所以我們不能挑這時候。前後一小時才是明智之選。

陰天或晚上燈下看翡翠，有些色種的顏色會有很大的變化，從而影響正確的評估。

用燈光觀察，應將光源放在觀察者的前上方，而不能用透射光進行觀察。只有這樣才能真正評估出玉色的好壞。

2. 用 15 倍放大鏡觀察

在室內比較，用放大 15 倍的放大鏡觀

察，看瑕疵、裂綹，再看其顏色、水頭，近看之，再遠觀之，再到室外看。

3. 鑲嵌好的翡翠色會有變化

如果是鑲嵌好的翡翠首飾，黃金可令綠色調有加深感。白金鑲嵌，如果色不夠濃豔，

則會有淡的感覺，特別是能看到色源流向不太均勻的地子，令其特徵更明顯，更容易顯短。

4. 巧色雕工有講究

一塊玉件的價值除和色的多少有關外，有時還要看雕工對綠色的運用，特別是一些玉雕作品。綠色運用得好，就能起到畫龍點睛的作用，使玉器身價百倍，否則就會降低其價值。

如北京玉器廠的「白菜蟈蟈」精品，將白色翡翠底上的一團綠雕成一隻活靈活現的蟈蟈，而價值較低的白地雕成白菜，綠白鮮明、相得益彰，使整件作品生機盎然，大大增加了雕品的身價。

當然，這也有雕刻美學上的認同問題。一般南方如廣東一帶的玉器藝人喜用全綠雕法，即喜歡將綠色部分單獨進行雕刻；而長江中下游的藝人則善用綠白兩色的和諧對應，手法不同，各有千秋。

綠色運用得好，就能起畫龍點睛的作用，使玉器身價百倍，否則就會降低其價值。

有些翡翠本身種水並不特別好，但是經過巧妙的設計和雕刻後，便成了引人注目的優秀作品，其價格會有數倍到十倍以上的漲幅。

俏色設計和精細雕工的優秀代表，有些翡翠本身種水並不特別好，但是經過巧妙的設計和雕刻後，便成了引人注目的優秀作品，其價格也會上漲數倍甚至十倍以上，成為市場的寵兒，甚至比一塊單純種水不錯的翡翠更有升值空間。或許翡翠收藏投資豐富多彩的魅力也在於此。

比如常常可以看到俏色翡翠雕件被搶購，晚到的收藏者因為錯失良機而懊悔不已。再想找到這樣種色和雕工的作品，就全靠運氣了，因為俏色翡翠雕件並不是隨時都有貨的。收藏俏色翡翠雕件必須注意其雕工的好壞及風格。

5. 油青和湖水地容易迷惑新手

容易讓新手看走眼的是油青，乍看之下水好、有色、種好，但新手還不易察覺其帶藍調，很悶。還有就是帶黃調湖水地的翡翠，它本身具有淡綠的色調，水頭又好，若是種頭好一點，更是被賣家吹噓得天花亂墜，但是你看到的其實只是其地的本色，嚴格來說它根本不帶翠，也就是無色。

仕女。

觀音。

翡翠收藏投資的十大秘訣

1. 要掌握翡翠A貨、B貨、C貨、D貨的知識

翡翠收藏投資應該先樹立一個A貨的概念。要想正確區別B貨、C貨和D貨，首先要知道什麼是A貨。目前，市場上翡翠A貨、B貨、C貨、D貨魚龍混雜，真假難辨。

如果對翡翠A貨、B貨、C貨、D貨的知識不自信，應該多去一些信譽較好、門面較大的市場或珠寶商店。最好是去看一些曾經有名人或大師級鑑定師出具過鑑定證書的翡翠商品。如各大城市珠寶交易中心的翡翠商品，凡檔次高一些的，都有寶石鑑定所出具的鑑定證書。

投資翡翠要多讀書，任何一項收藏投資的成功都是大量讀書的結果。如香港著名收藏家陸海天，為了學習收藏知識，他僅僅買書就買了100多萬港元。他的觀念是，為了收藏，無論多貴的書都要買，因為不看書就有可能上當受騙，付出更多的學費。

僅僅多讀書是遠遠不夠的，還要多看、多摸、多拜師、多體會。這樣才有利於積累經驗，少上當受騙，減少投資失誤。

2. 翡翠辨偽是收藏投資的關鍵

翡翠偽品可分為兩類。

一是用玻璃、瓷料、塑膠製成的仿翠製品，一般稱假貨。由於這些材料在硬度、相對密度、斷口和色彩上與真品相差很大，是比較容易識別的。

二是用其他綠色玉石來冒充翡翠。如今市場上出現的翡翠贋品主要有澳洲玉、密玉、馬來玉（染色石英）、翠榴石（鈣鉻榴石）、爬山玉、獨山玉、軟玉、貴州翠、烏蘭翠等。

上述翡翠贋品不僅在一些物理性能上與翡翠不同，而且在綠色特徵上也有很大區別。只要細心對比觀察，便能加以識別。

3. 顏色是評價翡翠最重要的因素

翡翠價值最高的是綠色，其次是紅色、藕粉色等，顏色的好壞直接影響翡翠的價值。要考慮顏色的好壞，就要具體分析翡翠顏色是否正，濃淡是否適宜，顏色的冷暖、顏色的分佈是否均勻等幾個方面。

雕刻好的翡翠看起來賞心悅目，每個人看一眼都想擁有。

凡是高綠（特別豔麗）或滿綠的翡翠一定要特別慎重。

4. 翡翠多數為半透明，甚至不透明

最好的翡翠也不可能像單晶體寶石例如祖母綠那樣透明。正因為如此，中國人更喜歡翡翠，就喜歡翡翠那種半透不透、水靈靈的感覺。

翡翠的透明度越好，價值越高，尤其在評價中高檔翡翠時，透明度對價值的影響往往高於顏色。有色無種一定不是高檔貨，有一定色又種好的翡翠才能成為高檔貨。也可以說，高檔翡翠一定種好，而色好的卻不一定是高檔翡翠。

5. 瑕疵和乾淨程度直接影響其價值

翡翠的瑕疵主要有白色和黑色兩種。黑色瑕疵有的是以點狀分佈，也有的以絲狀和帶狀分佈，白色的瑕疵主要以塊狀、粒狀分佈，一般稱為石花、水泡等。

在評價翡翠時要研究瑕疵的大小、分佈特徵，是否可以剔除，是否對翡翠的品質產生重大影響等因素。

瑕疵含量越少，則翡翠質地越好。所以對於翡翠來說，顏色越綠、質地越細膩緻密、透明度越高、瑕疵越少，其品質和價值就越高。

6. 裂紋也將大大影響其價值

影響程度要依裂紋的大小、深淺、位置等因素來判斷。

7. 翡翠投資要選購透明度較好，呈玻璃光澤的件品，但要防止玻璃製品

鑑別的要點是翡翠透光照有部分霧狀或斑狀；玻璃品沒有霧狀和斑狀，有氣泡。

帶綠色的翡翠其色澤有濃淡深淺、有翠點，而玻璃品色澤基本一致。

8. 翡翠的硬度高

翡翠比中國玉、玻璃和其他玉石類都硬，可以用來劃玻璃。購買時可當著賣主的面劃玻璃，如果賣主不同意則不要輕易購買。

9. 翡翠相對密度大

掂在手上有沉感，如是玻璃品則有輕飄感。

中國玉中的河南南陽玉相對密度也大，容易冒充翡翠，其色澤也接近翡翠，需綜合檢驗。

10. 要注意觀看件品的工藝雕琢

雕刻好的翡翠看起來賞心悅目，每個人看一眼都想擁有。這樣的作品無論是鑑賞價值、收藏價值，還是投資價值都非常高。

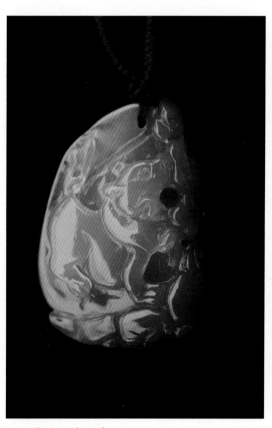

掛件。沈泓藏。

掛件。沈泓藏。

後 記

　　收藏翡翠也有走彎路的經歷,然後才悟到翡翠收藏的真諦。根據我自己的喜好,我收藏翡翠的標準有兩個:一是真正好的翡翠,二是古代的翡翠。這兩種翡翠我都喜歡,但其中更偏好古代的翡翠。

　　這或許和我的收藏觀念有關。我喜歡古老的東西,古老的東西有文物價值,有歷史文化含義。而在當今收藏市場,老翡翠其實往往比新翡翠價格還要低。這是一種本末倒置,是一種歷史文化知識淺薄的表現。我相信,總有一天,老翡翠在收藏市場上的價格會遠遠超過新翡翠。

　　第一次收藏真正的老翡翠,是在博物館專業鑑定師老蔡的家裡。老蔡開過古董店,我的一些老瓷器、老木雕、老刺繡等就是在他家裡買的。在他家裡買有個好處,就是不會買到假貨,因為他本人就是有國家證書的權威機構鑑定師,他不會收假貨,而且他的信譽極好,如果把握不住真假,他會明確告訴你。

　　記得那天我看了幾件古瓷器,不斷地要求他拿出新進的古董,他突然想到什麼,問我:「老翡翠你要不要?我這裡有一套八仙老翡翠。」

　　他小心翼翼地從櫃子裡拿出一個布包,一層層打開。儘管燈光昏暗,我還是眼前一亮,果然是老翡翠!只見8枚分幣大小的桃形翡翠小雕件一溜擺開,并然有序地連綴在一張折疊的雙層報紙上。老翡翠儘管不是那麼碧綠透亮,但它有著沉著的灰綠底色,在這古沉的底色之上,隱隱可見幾絲飄逸的翠綠。八仙的雕工古樸而簡潔,而將它們連綴起來的報紙則是20世紀初期的。顯然,這套品相完好且完整的八仙翡翠雕件是19世紀末或20世

紀初的作品。

　　老蔡對這套翡翠雕件讚不絕口，我當即買下了。後來，將它帶到深圳。一天，一個畫家朋友到我家來玩，這位畫家是一位有鑑賞力的收藏家，我給他看了一些藏品，但只有拿出這套翡翠雕件時，他才眼睛發亮，激動起來，翻來覆去仔細欣賞，反覆摩挲，說這是一套好東西，還詳細問了出處和來源。

　　過了一個多月，在一次書畫和紫砂壺精品展覽上，我偶然遇到這位畫家朋友。我問他近日在忙什麼，他說在收藏。我又問他在收藏什麼，他說在收藏老翡翠。我心裡一動，他以前是從來沒有收藏過翡翠的，莫不是看到了我那套八仙雕件，才激發了收藏老翡翠的熱情？

　　聊著聊著，他說：「這些書畫和紫砂壺都沒有意思。」我問他什麼才有意思，他沉迷地說：「老翡翠呀！你想不想到我那裡看看我收藏的老翡翠？」

　　想，當然想！與其說是我想看，不如說他比我更期待著讓我看，不看恐怕都不行了。我來到他家裡，他給我看了幾件玉鐲，果然是有鑑賞眼光的畫家兼收藏家，件件都是帶翠綠的精品，其中有一只斷裂的手鐲，翠如新葉。他惋惜地歎道：「如果不是斷裂了，到北京嘉德拍賣會上，至少60萬人民幣！」

　　這些翡翠品大多是用他的畫換來的。他果然是因為看到我的翡翠八仙雕件，才激發了收藏翡翠的興趣的。這個故事說明，翡翠是有眼光有品位的人看了一眼就很容易愛上的寶貝。

　　翡翠豔麗的色彩、美麗的光澤、晶瑩剔透的滋潤感，使其在眾多的玉石大家族中被冠以玉石之王的美譽，並與鑽石、紅寶石、藍寶石、祖母綠、金綠寶石並稱「五大名寶」，在東方地位極高，等同於西方人所鍾愛的祖母綠。

　　翡翠與人們的生活息息相關，在人們眼中，它不僅是一種美麗的石頭，還帶有神秘的信仰和寄託。古人與今人皆愛玉、喜玉、玩玉。「君子無故，玉不離身」。佩玉、愛玉已成為一種現代時尚，而收藏投資翡翠也正在成為新的潮流。但願這本書能給正對翡翠感興趣的收藏愛好者一些方法、技巧和啟示。

　　收藏有益智、怡情、求知、增值功能，更有交友功能，歡迎讀者朋友批評和交流。凡購買本書者，作者可透過電子郵件提供一次免費諮詢。同時，作者歡迎讀者專家探討和批評指正。

　　諮詢和探討 E-mail：sh2h2@163.com。